KB119741

상위권 아이로 만드는
초2 완성 공부 법칙

상위권 아이로 만드는

송재환 지음

교과서 활용, 학습 환경, 예복습, 자기주도까지

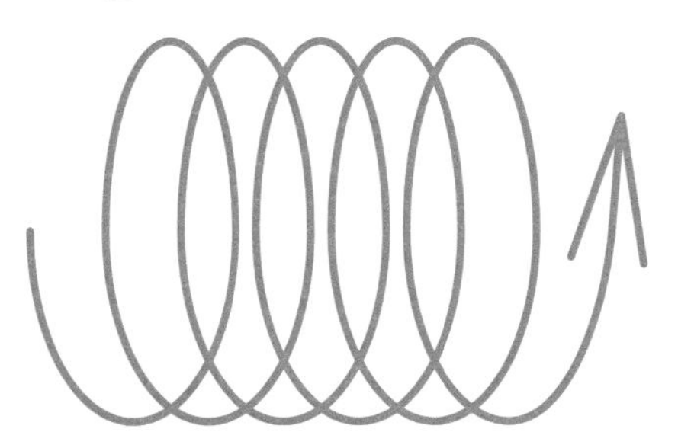

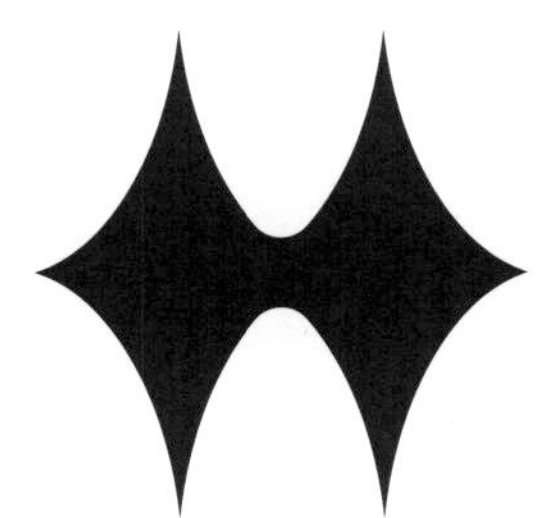

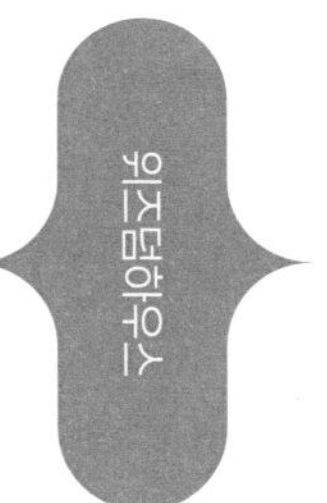

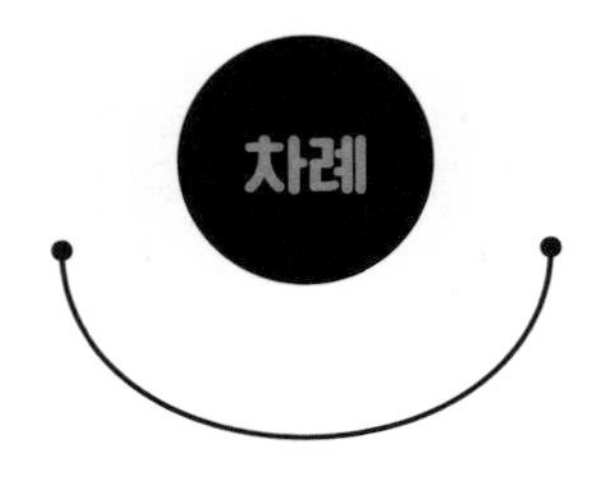
차례

✤ 프롤로그 ✤

10세 이전에 반드시 갖춰놔야 하는 공부 습관 대원칙

● 초2 진정한 초등학교의 생활은 이제부터 시작된다! ●

초등 저학년 아이들을 지도하다 보면 가장 많이 듣는 소리가 있다. '선생님'이라는 말이다. 아이들과 하루를 보내는 동안 정말 이 말을 수백 번도 더 듣는다.

"선생님, 화장실요!"
"선생님, 몇 교시예요?"
"선생님, 배고파요."

그래도 이런 말들은 애교로 받아줄 만하다. 정말 듣기 힘든 소리가 있는데, 바로 '고자질'이다.

"선생님, 쟤가 나한테 뭐라 그랬어요."

"선생님, 얘가 선생님이 하라는 거 안 해요."

"선생님, 쟤가 연필 안 빌려줘요."

"선생님, 얘는 자기가 잘못해놓고 사과도 안 해요."

"선생님, 쟤가 욕 썼어요."

"선생님, 얘가 때렸어요."

이런 이야기들을 듣다 보면 하루해가 짧다. 이뿐만이 아니다. 의사소통하는 모습도 신기하기만 하다. 과장해서 말하는 것은 기본이요, 이마저도 앞뒤가 하나도 안 맞는다. 소리를 고래고래 지르는 아이, 박장대소하는 아이, 교실 바닥에서 데굴데굴 구르는 아이, 나 잡아봐라 하면서 뛰어다니는 아이들이 있는 곳이 초등학교 저학년 교실이다. 이런 풍경을 가만히 보고 있노라면 여기가 공부하는 교실인지 사파리인지 구분이 안 될 정도로 헷갈린다. 그래서 가끔은 아이들이 사람의 탈을 쓴 침팬지처럼 보이기도 한다.

초등 1학년과 2학년은 함께 저학년으로 묶이지만 비슷하면서도 많이 다르다. 1학년은 그야말로 어린아이들이다. 어쩌면 초등 1학년 아이들은 정서적으로 유치원 7세 반 아이들보다 더 유치할지도 모른다. 오히려 7세 반 아이들은 자신들이 유치원에서 가장 나이가 많다는 이유로 좀 의젓하게 행동하곤 한다. 하지만 초등학교에 입학하는 순간 제일 막내로 위치가 바뀌면서 의젓하고 예쁘게 행동하던 모습은 온데간데없이 사라져버리고 천진난만한 천둥벌거숭이로 변신한다. 시시때때로 엄마가 보고 싶다고 울어대는가 하면 수업 시간에 이리저리 돌아다니는 자유로운 영혼

이 정말 많다. 잠시도 가만히 앉아 있지 못하고 손발을 계속 꼼지락거리거나 쉴 새 없이 콧구멍을 파대는 아이도 쉽게 목격할 수 있다. 심지어는 교실에서 실례하는 아이도 심심찮게 발생한다. 정말 난감하기 이를 데 없다. 하지만 이 모든 것이 용서된다. 초등학교 1학년이기 때문이다. 1학년은 매사 어설퍼도 용서가 되며, 때로는 그런 미숙함이 교사나 부모의 눈에 귀여움으로 비춰지기도 한다. 아이들도 1학년이라면 봐준다. 실제로 많은 고학년들이 갓 입학한 1학년들을 보면서 귀엽다고 어쩔 줄 몰라 하기도 한다.

그러다 2학년이 되면 사정이 사뭇 달라진다. 1학년 때 그토록 너그럽던 주변 환경과 사람들이 점점 바뀌기 시작한다. 교사나 부모의 태도가 눈에 띌 만큼 변한다. 1학년 때는 하나하나 친절하게 가르쳐주던 이들이 2학년씩이나 돼서 그런 것도 못하냐며 핀잔하기 일쑤다. 딱 1년 지났을 뿐인데 할 일을 알아서 척척 해내기를 기대하는 주변의 시선이 여간 부담스럽지 않다. 어디 이뿐인가. 얼마 전까지만 해도 학교의 귀요미 자리를 독차지했는데 이제는 귀엽다고 쓰다듬어주던 손길마저 사라져버렸다. 숙제도 늘어나고 받아쓰기 시험도 훨씬 어려워졌다. 수업 시간에 늦는 건 더 이상 허용되지 않으며, 수업 중간에 화장실을 가는 것조차 눈치가 보인다. 가정에서는 전폭적인 관심과 사랑을, 학교에서는 특별한 배려를 받던 1학년 생활과 찬밥 신세(?)로 전락한 2학년 생활은 정말 달라도 너무 다르다. 여전히 어린아이인데 주변의 인식과 대우는 하늘과 땅 차이다. 어찌 보면 진정한 초등학교 생활의 시작은 2학년부터라고 할 수 있다.

1학년에 비해 2학년 아이들은 공부 스트레스를 많이 받는다. 받아쓰기나 수학 단원 평가 시험 풍경을 보면 이를 짐작할 수 있다. 시험을 볼 때 2학년 아이들은 유독 커닝을 많이 한다. 가림판으로 가렸는데도 불구하고 짝꿍이나 앞뒤 친구의 답을 보기 위해 애쓴다. 심지어 어떤 아이들은 고학년처럼 쪽지를 마련해 몰래 보면서 쓰기도 한다. 1학년 때는 커닝이 뭔지도 잘 몰랐는데 말이다. 그렇다면 2학년 아이들은 왜 커닝을 하는 걸까? 주변을 의식하는 눈이 생겼기 때문이다. 시험 점수를 잘 받았을 때와 그렇지 않았을 때 교사나 부모의 태도가 사뭇 다름을 깨달은 것이다. 그뿐만 아니라 친구들 사이에서도 점수에 의해 서열이 정해진다는 사실을 인식하기 시작한 것이다.

1학년 때는 시험을 볼 때마다 들쭉날쭉하던 점수가 2학년이 되면서 서서히 안정되기 시작한다. 여전히 널뛰기하듯 점수가 요동치는 아이들도 있지만 대부분이 자기 자리를 찾고, 이것이 점점 고착된다. 2학년이 끝날 무렵에는 대다수의 아이들이 스스로 공부를 잘하는지 못하는지 인지할 뿐만 아니라 반에서 누가 공부를 잘하고 못하는지도 훤히 안다. 그러므로 초등 2학년은 공부 정체성 형성에 있어 결정적 시기라고 할 수 있다.

교육학 용어 중에 '결정적 시기(Critical Period)'란 말이 있다. 결정적 시기란 인간의 발달 과정에 있어 발달이 가장 용이하게 이뤄지는 최적의 시기를 일컫는다. 즉, 아이가 걸음마를 배워야 할 시기에는 걸음마를 배워야 하고, 말을 배워야 할 시기에는 말을 배워야 하며, 친구들과 놀아야 할 시기에는 친구들과 놀면서 사회성을 길러야 한다는 것이다. 언어뿐만 아니라 신체, 인지, 성격, 사회성, 도덕성 등 그 발달이 폭발적으로 이뤄지는 결정적 시기가 있음에는 많은 학자들 또한 이견이 없는 추세다.

신성 로마 제국의 황제 프리드리히 2세(Friedrich II)는 별나면서도 한편으로는 잔인한 실험을 한 것으로 유명하다. 그중 갓난아이들을 유괴해 인간 세계와 격리시켜 언어를 사용하지 못하는 환경에서 자라게 한 다음, 그들이 과연 어떤 언어를 사용할 것인지 관찰한 실험은 잘 알려져 있다. 그는 각 나라마다 사람들이 쓰는 언어가 다르다는 점을 흥미롭게 여기고, 만약 성경에 나온 대로 바벨탑을 쌓다가 서로 언어가 달라졌다면 이전의 언어는 도대체 무엇이었는지 궁금한 나머지 이런 실험을 했다고 한다. 그렇다면 결과는 어땠을까. 아이들은 전혀 말을 하지 못했고 짐승이 내는 소리와 같이 알아들을 수 없는 괴상한 소리만 웅얼거렸다고 한다. 아이들이 언어를 배워야 할 결정적 시기에 언어 자극을 전혀 받지 못하고 배우지 못했기 때문이다. 이 아이들에게는 나중에라도 아무리 인간의 언어를 가르쳐봤자 소용이 없다. 인간의 언어는 어느 일정한 시기에 배우지 못하면 영영 구사할 수 없게 된다. 다시 말해 모든 것에는 때가 있다는 것이다. 대개 언어는 태어나서부터 6세 정도까지 배우지 않으면 습득할 수 없는 것으로 알려져 있다.

이처럼 어떤 것을 습득할 수 있는 최적의 시기, 즉 결정적 시기는 언어에만 있는 것이 아니다. 생활 태도 및 습관 형성, 인지 발달, 성격 발달, 사회성 및 도덕성 발달, 공부 정체성 형성 등에도 결정적 시기가 있다. 이 모든 것들은 초등학교 시기에 형성되는 것이며 특히 초등 2학년이 결정적 시기라 할 수 있다.

어렸을 때 시골에서 돼지를 키웠던 일을 떠올려 보면 재미있는 장면이 하나 있다. 새끼 돼지들이 무질서하게 어미 돼지의 젖을 빠는 것 같지만 자세히 들여다보면 그렇지 않다. 항상 자신이 빨았던 젖만 찾아서 빤다. 처음 태어났을 때는 젖의 주인이 따로 없지만 일정한 시간이 흐르면서 각자의 것이 정해진다. 한번 정해진 주인은 젖을 뗄 때까지 바뀌지 않는다. 그래서 잘 나오는 젖을 차지한 새끼 돼지와 그렇지 못한 새끼 돼지는 날이 갈수록 덩치에서 차이가 난다.

초등학교 생활도 1학년 때는 온통 혼란스럽다. 마치 새끼 돼지가 세상에 태어나 자신의 젖을 찾지 못하고 이리저리 헤매는 모습과 흡사하다. 하지만 혼란의 시간은 1년이면 끝나고 2학년부터는 점점 자신의 자리를 찾아간다. 이때 잘 못한다 싶으면 바로 도와줘야 한다. 한번 자리가 정해지면 그 후에는 좀처럼 바뀌지 않기 때문이다. 이른바 무서운 고착이 시작되는 것이다. 이런 측면에서 초등학교 생활은 1학년보다 2학년 때 더 큰 관심을 갖고 지켜봐야 한다. 내 아이의 공부 정체성, 생활 습관, 사회성 등이 어떻게 형성되어 자리 잡고 있는지 잘 살펴볼 필요가 있다.

필자는 한 학교에서 20년 이상 근무하다 보니 저학년 때 가르쳤던 아이들을 고학년 때 다시 한 번 가르치는 경우가 자주 있다. 그럴 때마다 저학년 때 가르쳤던 아이들을 유심히 살펴보곤 한다. 저학년 때와 고학년 때의 모습이 얼마나 다른지를 말이다. 그런데 십중팔구는 변함이 없다. 저학년 때 숙제를 안 해오던 아이들은 고학년이 되어서도 안 해오고, 저학년 때 수업 시간에 산만하던 아이들은 고학년이 되어서도 산만하다. 학업뿐만이 아니다. 저학년 때 친구들과 사이가 좋지 않던 아이들은 고학년이 되어서도 여전히 친구들과 삐걱거린다. 저학년 때 인사를 잘하던 아이들은 고학년이 되어서도 인사를 잘하고, 저학년 때 편식하던 아이들은 고학년이 되어서도 편식한다. 이처럼 대부분의 아이들이 저학년 때와 고학년 때의 모습이 거의 비슷하다. 모든 면에서 눈에 띌 만큼 변하는 아이는 정말 소수에 불과하다. 혼란의 시기인 1학년을 지나 2학년 때 안정을 찾으며 정해진 자리는 고착되어 쉽게 바뀌지 않는다는 사실을 분명히 인식해야 한다.

언젠가 3학년 아이들을 가르칠 때 한 엄마가 면담에 와서 고민을 말했다.

"선생님, 우리 애가 2학년 때까지는 말을 곧잘 들었는데 3학년이 되더니 갑자기 말을 안 듣네요. 어떡하죠?"

필자는 이렇게 답변을 했다.

"아이에게 가르칠 것이 있다면 10세 전에 가르쳐야 합니다. 이제는 가르치려고 하지 마시고 그냥 있는 그대로 받아주는 일에 주력하세요."

초등 2학년은 아이에게 무엇인가를 가르칠 수 있는 마지막 기회라고 생각해야 한다. '10세면 늦는다'라는 인식이 있어야 한다. 물론 이런 인식이 어떤 부모에게는 조급함으로 나타나 아이에게 해가 될 수도 있지만 또 다른 부모에게는 좋은 긴장감으로 작용해 첫 단추를 잘 꿰게 할 수 있다. 첫 단추를 잘못 꿰면 그다음 단추를 아무리 잘 꿰어봤자 무용지물이다. 여러 개의 단추 가운데 첫 단추가 결정적 역할을 하듯이 길게는 20년이나 되는 학창 시절 가운데 첫 단추를 완전하게 꿰는 시기는 바로 초등 2학년이다.

• 바른 원칙으로 아이의 평생 공부 습관을 완성하는 법 •

초등 2학년 부모에게 가장 중요한 것은 바른 원칙을 세우는 일이다. 아이의 공부, 인성, 생활 습관 등에 대해 바른 원칙을 세우지 않으면 부모는 끊임없이 흔들리게 된다. 갈팡질팡 주변을 기웃거리고 작게 들리는 소리에도 마음이 달싹댄다. 부모가 갈피를 잡지 못하고 방황하면 아이 역시 요동칠 수밖에 없다. 교사 중에서 가장 최악은 일관성이 없는 교사다. 마찬가지로 부모 중에서 가장 최악은 일관성이 없는 부모다. 기분이나 자신이 처한 상황에 따라 그때그때 다른 부모다. 원칙을 가지고 임해야 한다. 변칙이 더 그럴싸하게 보이고 사람의 눈을 미혹하는 시대다. 이런 변칙에 깜빡 속아 나중에 후회로 땅을 친다 해도 아이 인생은 다시 돌이킬 수 없다.

필자는 부모들에게 바른 원칙을 바탕으로 자녀의 평생 공부 습관을 완성하는 방법을 알려주기 위해 이 책을 썼다. 25년 동안 현장에서 아이들을 가르치면서 깨달은 점이 있다면 원칙은 변하지 않는다는 사실이다. 20년 전에 통했던 원칙은 지금도 역시 유효하지만 변칙은 잠깐 생겼다가 사라진다. 부모들이 부디 변칙에 마음을 뺏기지 않았으면 하는 바람이다.

아이들은 초등학교에 입학하는 순간부터 배움의 바다에 던져진다. 어떤 아이들은 배움의 바다에 본격적으로 뛰어들기도 전부터 무서움에 질려 떨고, 또 다른 아이는 배움의 바다에 기분 좋게 뛰어들기는 했으나 준비가 되지 않아 거대한 파도에 휩쓸려버리기도 한다. 하지만 그중에서도 몇몇 아이들은 배움의 바다에서 파도를 타고 수영을 즐기며 앞으로 앞으로 나아간다. 맹자(孟子)는 『맹자(孟子)』「고자편(告子篇)」에서 배움에 대해 다음과 같은 말을 했다.

學問之道無他 求其放心而已矣 (학문지도무야 구기방심이이의)

학문의 길이란 다름이 아니라 자신의 잃어버린 마음을 찾는 것이다.

아이의 배움에 있어 부모는 무엇을 해줘야 할까? 아이가 배움의 마음을 잃어버릴 때마다 그 마음을 다시 찾을 수 있도록 도와줘야 하지 않을까? 이때 제대로 도와주려면 부모가 먼저 배움에 대한 올바른 원칙을 세워야 할 것이다. 또한 배움에 대한 올바른 목적도 가져야 할 것이다. 그래야 아이가 배움의 길에서 쓰러져 방황할 때마다 일으켜 최종 목적지까지 말없이 손잡고 동행해줄 수 있다. 이 책이 그 길에 미력하나마 좋은 가이드 역할을 해주었으면 하는 바람을 가지면서 글을 맺는다.

초등 교사 작가 송재환

| 일러두기 |

이 책은 원칙적으로는 초등 2학년 학부모를 위해 쓰였지만 다음과 같이 1학년 학부모부터 3학년 학부모까지 폭넓게 활용할 수 있습니다.

- **초등 1학년 학부모**

  초등 1학년은 아직 서두르지 않아도 괜찮습니다. 가벼운 마음으로 22가지 법칙을 훑어본 다음, 실제로 가능한 것부터 차근차근 실천합니다. 그러면 내 아이의 평생 공부 습관을 완성하는 기본 토대를 일찍부터 만들 수 있습니다.

- **초등 2학년 학부모**

  초등 2학년은 지금 당장 움직이는 것이 중요합니다. 22가지 법칙을 내 아이가 처한 상황에 맞춰 정확히 파악하고 실천하면 평생 공부 습관을 어렵지 않게 잡아줄 수 있습니다. 초등 2학년은 평생 공부 습관을 완성할 수 있는 적기입니다.

- **초등 3학년 학부모**

  초등 3학년은 늦었다고 생각할 때가 가장 빠른 때입니다. 22가지 법칙을 본격적으로 살펴보기 전에 내 아이의 부족한 부분을 먼저 생각합니다. 그런 다음 부족함을 채워줄 수 있는 법칙을 찾아 마음의 여유를 갖고 실천합니다.

초등 2학년 발달 단계상의 특성

지적 발달

- 집중력이 이전에 비해 많이 좋아지지만 개인차가 있다.
- 호기심이 왕성하며 매우 적극적이고 탐구적이다.
- 흥미의 지속시간은 짧으며 종종 성급함을 보인다.
- 가역적인 사고[1]가 원활하지 않으며 여전히 물활론적인 사고[2]를 하는 아이들도 있다.

신체적 발달

- 몸 움직이는 것을 좋아하며, 몸의 에너지를 분출하려는 욕구가 강하다.
- 신체 동작이 빨라지고 작은 부분을 색칠하고 어려운 모양도 오릴 수 있는 등 손기술이 는다.
- 신체활동을 통한 놀이에 관심이 많으며 규칙을 지켜 놀이에 참여한다.
- 신체 기관별 협응 능력이 눈에 띄게 좋아지기 시작하며 줄넘기 등을 꾸준히 시켜주는 것이 좋다.

1) 생각의 순서를 바꿔서 사고할 수 있는 능력
2) 무생물에 생명과 감정을 부여하는 사고

정서적 발달

- 우는 아이가 줄어들며 말로써 자신의 상황을 선생님께 이야기한다.
- 작은 일이 몸싸움으로 번지는 경우가 많다.
- 도덕성이 형성되어 옳지 않은 것에 대해 참지 못하고 선생님에게 고자질이 가장 많은 시기이다.
- 놀이문화에서 상업적인 영향을 많이 받게 되어 캐릭터 상품 등이 인기를 끌곤 한다.

사회적 발달

- 칭찬에 민감하고, 선생님의 인정을 받으려고 노력한다.
- 친구와의 관계에서 여전히 입장을 바꿔 생각하는 것은 어려우며 자신의 입장만 내세우는 경우가 많다.
- 취미나 관심이 같은 친구들끼리 그룹이 형성되기 시작하고 특히 남자들은 운동을 좋아하는 아이들끼리 잘 어울린다.
- 친한 친구가 생겨 또래 집단이 생기고 따돌림을 하는 사례가 나타나기도 한다.

Step 1

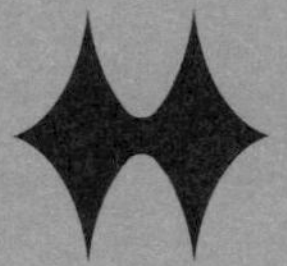

공부의 기본을 다지는

습관의 힘

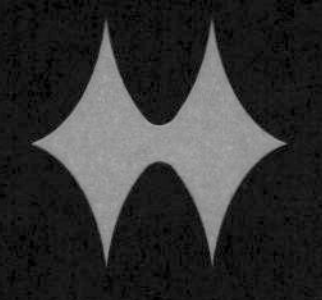

초등학교에 입학하는 순간부터 전과는 확연히 달라지는 점이 하나 있다. 받아쓰기, 단원 평가와 같은 시험을 보고 점수를 받는다는 사실이다. 1학년 때는 '그까짓 것'이라고 치부하다가도 2학년이 되면서부터 점수에 촉각을 곤두세우기 시작한다. 여기서 잊지 말아야 할 것이 있다. 아이가 받는 점수는 빙산의 일각(氷山一角)에 지나지 않는다는 사실이다. 아이가 받는 90점, 100점과 같은 점수는 눈에 보이는 빙산의 뿔에 불과하다. 빙산의 실체는 눈에 보이는 5%가 아니라 물속에 잠겨 있는 95%이듯, 아이 점수의 실체는 눈에 보이는 점수가 아닌 '눈에 보이지 않는 그 무엇'일 수 있다는 이야기다.

많은 부모들이 '눈에 보이지 않는 그 무엇'을 간과한다. '눈에 보이지 않는 그 무엇'은 눈에 보이는 점수보다 훨씬 중요하다. 고학년으로 갈수록 저학년 때는 잘 보이지 않던 실체가 점점 그 모습을 드러낸다. 그 거대한 실체를 마주하는 순간 부모들은 그제야 문제가 무엇인지 깨닫는다. 하지만 안타깝게도 이미 때는 늦고 말았다.

초등 1학년 부모들은 아이가 받아쓰기나 수학 단원 평가에서 100점을 받으면 굉장히 안심한다. 하지만 제대로 된 공부 습관이 받쳐주지 않는 점수는 금세 한계를 드러낸다. 이 문제를 해결하려면 1학년을 거치면서 아이의 성향을 파악해 2학년 때는 반드시 제대로 된 공부 습관을 잡아줘야 한다. 그렇지 않으면 1, 2학년에 비해 폭발적으로 늘어나는 3학년의 교과와 공부량을 감당할 수 없을 것이다.

지혜로운 부모일수록 눈에 보이는 문제보다 눈에 보이지 않는 문제를 더 잘 본다. 이번 장을 통해 초등 저학년의 공부 습관에 있어 '눈에 보이지 않는 그 무엇'의 실체를 파헤쳐 보고자 한다. 이전에는 미처 생각하지 못한 채 간과했던 부분들을 찾아내길 바란다. 그리고 찾아냈다면 즉시 고치길 바란다. 그렇지 않으면 거대한 빙산을 우습게 보다가 차가운 바다 속으로 사라진 타이타닉 호처럼 내 아이의 인생도 거대한 실체에 부딪쳐 난파될 수 있다는 사실을 꼭 명심해야 한다.

부모와의 관계가 공부 습관에 영향을 미친다

2학년 남자아이가 받아쓰기 시험을 본 후에 결과를 언제 알려주느냐며 채근을 했다. 다른 때보다 유독 더 채근을 해서 왜 그러느냐고 물었더니 그 대답이 걸작이었다.

"엄마가 100점 못 받으면 틀린 개수대로 종아리 맞는다고 했거든요."

어린 마음에 엄마의 말씀이 많이 걸리는 모양이었다. 시험에서 100점을 받기 위해 전날 밤늦게까지 받아쓰기 연습을 했다는 말도 덧붙였다. 하지만 이 아이는 평소 받아쓰기에서 100점을 받지 못했다. 그러나 채점을 해보니 다행히 100점이었다. 100점짜리 받아쓰기 공책을 받아든 녀석은 가슴을 쓸어내리며 이렇게 말했다.

"휴~ 살았다."

이 모습을 보면서 어찌나 짠했는지 모른다. 한편으로는 씁쓸했다. 왜냐하면 아이의 엄마가 정작 중요한 것을 놓치고 있었기 때문이다. 엄마는 '100점'은 잡았지만 '관계'는 놓치고 있는 것이다. 특히 초등 2학년 때 이런 일이 많이 일어난다. 이 시기 아이들은 아직 어리기 때문에 부모가 쪼이면 그 쪼임을 받으면서 부모가 원하는 성과를 내곤 한다. 대부분의 부모들은 이 맛에 취해 하룻밤 아이를 붙잡고 가르쳤더니 받아쓰기에서 100점을 받았다는 둥, 수학 단원 평가에서 1등을 했다는 둥 약간의 쾌감까지 더해 이야기한다. 하지만 이 과정에서 부모와 자식 간 관계의 틈이 벌어지는 것을 인지하지 못하는 경우가 많다. 이는 생각보다 심각한 결과를 초래할 수 있다. 처음에는 그 틈이 작지만 점점 벌어지면 나중에는 영영 회복할 수 없기 때문이다. 정말 많은 부모들이 시험 점수처럼 눈에 보이는 결과에만 너무 얽매인 나머지 정작 중요한 자녀와의 관계는 보지 못하고 있다.

● 모든 관계의 출발점, 부모와의 관계 ●

미국 카네기멜론대학교에서 실시한 인생에서 실패한 사람들을 대상으로 한 유명한 연구가 있다. 직장생활, 사회생활, 가정생활 등에서 실패한 1만 명을 표본으로 그 이유에 대해 연구했다. 그랬더니 의외의 연구 결과가 나왔다. 연구 대상자 중 85%가 인간관계에서 실패했기 때문에 인생에서 실패했다고 답한 것이다. 처음에 연구진은 '학력이 낮아서 실패했다', '전문 지식이 부족해서 실패했다', '배경이 없어서 실패했다' 등과 같은 결과를 예상했다. 하지만 정작 이런 이유 때문이라고 생각하는 사람은 나머지 15%에 불과했다. 이 연구를 통해 우리가 알 수 있는 사실은 '관계'가 한 사람의 성공과 실패를 가르는 열쇠 역할을 한다는 것이다. 부모나 친구 혹은 동료와 관계가 좋은 사람은 분명 성공하고 행복한 인생을 살아갈 수 있는 열쇠를 손에 쥐고 있는 것이나 다름없다.

공부도 마찬가지다. 대부분의 사람들이 공부를 잘하고 못함을 가르는 요인으로 지능 지수, 집중력, 가정환경 등과 같은 것들을 떠올릴지도 모른다. 하지만 이보다 더 근본적인 것이 있는데, 바로 '관계'다. 관계가 틀어지면 모든 것이 틀어지고 깨지기 마련이다.

아이들에게 있어 가장 중요한 관계는 누가 뭐래도 부모와의 관계다. 특히 어린아이들일수록 부모와의 관계는 절대적이다. 부모와 좋은 관계를 맺고 있는 아이와 그렇지 않은 아이는 그 모습이 하늘과 땅 차이다. 학교에서 친구들과 사이가 좋은 아이를 살펴보면 대부분 부모와도 사이가 좋다. 하지만 친구들과 사이가 좋지 않은 아이를 살펴보면 많은 경우 부모와의 관계도 좋지 않다. 친구 관계뿐만이 아니다. 부모와 관계가 좋은 아이는 교사와도 대부분 관계가 좋다. 하지만 부모와 관계가 틀어진 아이는 교사와의 관계도 별로 좋지 않다. 왜 이런 현상이 생기는 것일까? 부모와의 관계는 모든 관계의 출발점이기 때문이다.

● 관계를 깨면서까지 가르치지 않는다 ●

부모와 자녀와의 관계보다 시험 점수나 성적이 더 중요하다고 생각하는 부모들에게 『맹자』 「이루편(離婁編)」에 등장하는 구절을 소개한다.

公孫 丑曰 君子之不教子 何也 孟子曰 勢不行也 夫子之間 不責善 責善則離 離則不祥莫大焉

(공손추왈 군자지불교자 하야 맹자왈 세불행야 부자지간 불책선 책선즉리 이즉불상막대언)

공손추가 말했다. "군자가 아들을 직접 가르치지 않는 것은 무엇 때문입니까?" 맹자가 대답하기를 "현실적으로 안 되기 때문이다. 아버지와 아들 사이에 선을 행하라고 질책하면 안 된다. 그러면 사이가 멀어진다. 아버지와 아들 사이가 멀어지는 것보다 더 나쁜 일은 없다."

이 구절에 따르면 맹자는 '군자는 자식을 직접 가르치면 안 된다'라고 말한다. 부모와 자식 간의 관계가 깨질 수 있기 때문이다. 부모가 자녀를 가르치다 보면 처음에는 좋은 말로 시작했더라도 자녀가 알아듣지 못하면 못할수록 점점 인내심이 약화된다. 그러다 성질 급한 부모들은 화가 폭발하기도 한다. 이런 과정으로 인해 부모와 자녀 사이가 소원해질 수 있음을 미리 알고 경계한 것이다. 심지어 맹자는 관계를 망치지 않기 위해 부모들에게 서로 자녀를 바꿔서 가르치라고 조언하기도 한다. 평소 도덕성을 강조하는 맹자 성품으로 볼 때 자녀에 대한 이런 태도는 이해가 잘 되지 않을 수도 있다. 어떻게 해서든지 바른 길로 인도하라는 가르침을 줄 것 같은데 맹자는 오히려 그렇지 않다. 부모와 자녀 사이에는 '가르침'보다 '관계'가 더 중요하다는 인식이 맹자의 사고 전반에 깔려 있기 때문이다.

『어린 왕자』의 저자 생텍쥐베리도 맹자와 생각이 같았던 것 같다. 『어린 왕자』에 보면 다음과 같은 구절이 나온다.

"세상에서 가장 어려운 일이 뭔지 아니?"
"흠, 글쎄요, 돈 버는 일? 밥 먹는 일?"
"세상에서 가장 어려운 일은 사람이 사람의 마음을 얻는 일이란다."

관계가 좋아야 상대의 마음을 얻을 수 있다. 마음을 얻으면 모든 것을 얻는 것과 같다. 자녀와의 관계를 좋게 하고 마음을 얻기 위해 부모는 깨어 있어야 한다.

그렇다면 부모와 자녀의 관계를 깨뜨리는 가장 강력한 적은 무엇일까? 바로 실패에 대한 두려움이다. 대부분의 부모들은 아이가 한 번이라도 실패하면 큰일 나는 줄 아는 경우가 많다. 받아쓰기에서 딱 한 번 100점을 못 받았을 뿐인데 그것 때문에 아이의 인생이 어떻게 되는 줄 알고 조바심을 내는 부모들도 상당하다. 이런 조바심은 부모가 아이를 닦달하게 만들고 이 과정에서 둘 사이에는 균열이 생긴다. 사실 아이가 어릴 때는 이러한 균열이 미세해서 잘 보이지 않는 경우가 대부분이다. 하지만 아이가 고학년이 되면 균열은 점점 심각해지고 사춘기에 들어서면 그 누구도 건널 수 없는 강만큼 벌어져버린다.

자녀와의 관계를 위해서 부모가 가져야 하는 마음은 실패에 대한 두려움을 버리는 것이다. 그러려면 먼저 실패가 내 아이에게 얼마나 필요하고 유익한지를 깨달아야 한다. 이와 관련해 『맹자』「고자편」에는 다음과 같은 구절이 있다.

故天將降大任於是人也 必先苦其心志 勞其筋骨 餓其體膚 空乏其身 行拂亂其所爲 所以動心忍性 曾益其所不能

(고천장강대임어시인야 필선고기심지 노기근골 아기체부 공핍기신 행불란기소위 소이동심인성 증익기소불능)

하늘이 사람에게 큰일을 내려주려고 할 때 반드시 먼저 그의 마음과 뜻을 괴롭게 하고, 그의 육체를 고달프게 하며, 그의 몸을 굶주리고 궁핍하게 하며, 그가 하고자 하는 일을 어긋나게 한다. 하늘이 이렇게 하는 것은 그의 마음을 분발시키고 그의 성격을 참을성 있게 만들어 그가 할 수 없었던 일을 더 많이 할 수 있도록 하기 위함이다.

부모라면 누구나 맹자의 이런 생각을 본받을 필요가 있다. 실패가 내 아이를 망치는 것이 아니라 오히려 더 단단하게 성장시킬 것이라는 사실을 말이다. 지금 내 아이가 겪는 실패가 나중에 큰 인물이 되기 위한 훈련 과정이라고 여긴다면 부모는 실패에 대한 두려움으로부터 자유로워질 수 있다. 부모의 생각이 가벼워지면 아이를 보다 여유롭게 바라볼 수 있게 되고, 그로 인해 관계도 자연스럽게 좋아지는 것이다.

• 아이의 인생을 멀리 바라보는 지혜로운 부모 •

자녀와의 관계를 좋게 유지하기 위해서는 자녀의 인생을 멀리 봐야 한다. 초등 2학년은 축구 경기로 치면 전반 10분도 채 지나지 않은 시점이다. 그런데 몇몇 부모들은 이미 경기가 끝난 것처럼 굉장히 조급해한다. 경기가 시작되자마자 한 골을 내줬다고 해서 진 것은 절대 아니다.

'조급증'이라는 병을 앓고 있는 부모들에게 공자(孔子)는 『논어(論語)』「위령공편(衛靈公篇)」에서 다음과 같이 조언한다.

子曰 人無遠慮 必有近憂

(자왈 인무원려 필유근우)

공자가 말했다. "사람이 멀리 내다보며 깊이 생각하지 않으면 반드시 가까운 일에 근심이 있다."

공자의 조언처럼 사람은 멀리 내다보지 않으면 반드시 코앞에서 벌어지는 현실의 문제에 대해 근심하고 걱정하게 되어 있다. 자녀 문제는 더욱 그렇다. 눈앞의 성적에만 관심을 갖다 보면 정작 중요한 관계는 놓치고 만다. 부모는 자녀와 부딪칠 때마다 무엇이 문제인지 반드시 생각해야 한다. 당장 내일로 닥친 시험보다 더 근원적인 것, 즉 자녀와의 관계가 틀어지고 있는 건 아닌지 철저히 점검해봐야 한다.

관계는 눈에 보이지는 않지만 어린 자녀들이 공부하고, 또 공부 습관을 기르는 데 있어 가장 중요한 열쇠로 작용하는 경우가 많다. 물론 시험에서 100점을 받는 것도 중요하지만 자녀와의 관계는 그보다 더 중요하다. 지금 당장 시험에서 100점을 받지 못해도 다음에 100점을 받을 기회는 얼마든지 있다. 하지만 관계는 한 번 깨지면 붙이기 힘든 유리그릇처럼 만회할 수 있는 기회가 좀처럼 찾아오지 않는다. 지혜로운 부모라면 자녀의 점수가 몇 점인지 확인하기보다 현재 자녀와의 관계를 차분히 돌아봐야 한다.

환경의 법칙

아이를 둘러싼 환경이 공부의 원천이다

맹자는 일찍이 아비를 여의고 어미의 손에서 자라야 했다. 맹자는 습득 능력이 좋아 가는 곳마다 주변 환경에서 배운 것을 흉내 내곤 했다. 공동묘지 주변에서 살 때는 무덤 파는 흉내를 내며 놀았다. 시장으로 이사를 가자 상인 흉내를 내며 놀았다. 이를 지켜본 맹자의 어미는 맹자가 환경의 영향을 많이 받는다는 사실을 깨달았다. 그러다 마지막으로 선택한 곳이 서당 주변이었다. 그곳으로 이사를 가자 마침내 맹자는 글 읽는 흉내를 냈고, 그 후 배움에 정진해서 훌륭한 학자가 되었다.

『열녀전(烈女傳)』에 나오는 '맹모삼천지교(孟母三遷之敎)'라는 고사다. 지금으로부터 2,000년 전의 이야기지만 우리에게 시사하는 바가 매우 크다. 공부를 잘하는 아이로 키우기 위해서는 아이를 둘러싸고 있는 환경의 중요성을 간과해서는 안 된다는 것이다. 현명한 부모라면 자녀에게 기꺼이 공부할 수 있는 환경을 먼저 만들어주고 열심히 공부할 것을 기대해야 한다. 전혀 공부할 수 있는 환경이 아닌데 열심히 하라고 하는 건 앞뒤가 안 맞는 이야기에 불과하다.

어른도 물론 환경의 영향을 많이 받는다. 유혹에 쉽게 넘어가고, 먹고 싶은 것을 참지 못해 당기는 대로 먹다가 비만이 되기도 한다. 새해 첫날 금연을 결심했다가 작심삼일로 그 마음을 날려 보낸다. 어른들도 이럴진대 하물며 어린아이들은 두말할 나위도 없다. 공부를 방해하는 환경 속에 아이를 놔두고 공부하라고 재촉하는 것은 아이에게 벌을 주는 것이나 다름없다. 아이에게 제대로 된 공부 습관을 들이고 싶은 부모라면 공부에 집중할 수 있는 환경을 먼저 조성해줘야 한다.

● 공부의 장애물부터 제거한다 ●

아이의 공부를 위해서는 번듯한 공부방을 마련해주기보다 공부를 하지 못하게 유혹하는 것들을 먼저 제거해야 한다. 그렇다면 아이가 공부하는 데 있어 가장 큰 방해물은 무엇일까? 바로 텔레비전과 컴퓨터, 스마트폰과 같은 것들이다. 이 기기들이 공부를 방해하는 방식은 우리가 단순히 '시간을 많이 뺏기니까'라고 생각하는 그 이상이다.

대부분의 아이들은 책을 통해서 주어지는 '문자 자극'을 받으며 공부한다. 이는 그렇게 자극적이지도 짜릿하지도 않다. 하지만 텔레비전이나 컴퓨터는 '영상 자극'이다. 그것도 아주 현란하며 속도감이 넘친다. 문자에 비해 굉장히 자극적이며 순간의 짜릿함이 이루 말할 수 없다. 중독성 또한 매우 심하다. 그래서 한번 빠져들면 어지간한 조절 능력이 있는 아이가 아니고서는 쉽게 빠져나오기 힘들다. 영상 자극에 익숙해진 아이들한테 문자 자극의 공부란 너무 지루하고 싱거우며 재미없는 그 무엇에 불과하다.

그리고 텔레비전과 컴퓨터는 사람을 수동적으로 만들어버린다. 잠시도 생각할 틈을 주지 않는다. 텔레비전을 보면서 깊이 생각하는 사람이 과연 있을까? 그냥 화면이 바뀌는 대로 멍하니 바라보다 보면 언제인지도 모르게 한두 시간이 흘러가버린다. 이와 같은 과정을 자꾸 반복하면 부지불식간에 공부할 때도 수동적으로 변한다. 처음부터 끝까지 선생님이 다 해주길 바라고 본인은 그저 편히 앉아서 듣기만 하면 좋겠다고 생각한다. 하지만 이런 태도와 마음가짐으로는 절대 공부를 잘할 수 없다.

뇌 과학적인 측면에서도 텔레비전이나 컴퓨터는 좋지 않다. 공부할 때 가장 많이 사용하는 뇌 부위는 전두엽이다. 전두엽은 사고력이나 논리력 등을 담당하는데, 그래서인지 전두엽이 발달한 아이들은 공부를 쉽게 한다. 공부하는 데 가장 많이 필요한 능력이 사고력과 논리력이기 때문이다. 전두엽은 책을 읽을 때 가장 많이 활성화되는 것으로 알려져 있다. 하지만 텔레비전이나 컴퓨터 등 영상 자극물을 통해서는 활성화가 거의 이뤄지지 않는다. 이러한 기기들은 주로 시각을 관장하는 후두엽만을 자극할 뿐이다.

텔레비전의 경우 조절이 되는 가정에서는 그다지 큰 문제가 아니지만 그렇지 않다면 당연히 대책이 필요하다. 가족끼리 텔레비전 시청 시간을 정한다거나 집에서 아예 텔레비전을 없애는 것도 하나의 방법이다. 누군가는 극단적이라고 생각할 수도 있겠지만 사실 텔레비전만 없애도 아이 공부의 절반은 성공했다고 볼 수 있다. 만약 텔레비전이 없다면 저녁에 어떤 일이 벌어질까? 물론 처음 며칠 동안은 문화 충격과 같은 심리적 공황 상태에 빠질지도 모른다. 하지만 서서히 집안의 분위기와 모습이 바뀔 것이다. 부모와 자녀 간의 대화가 늘어날 것이고 무료해서라도 책을 꺼내 들 것이다.

컴퓨터도 가급적이면 어릴 때부터 접하지 않게 하는 편이 좋다. 많은 부모들이 "요즘 같은 시대에 컴퓨터를 모르면 안 되잖아요"라고 하면서 어린아이에게 컴퓨터를 마련해준다. 하지만 득보다 실이 훨씬 많다. 컴퓨터는 나중에 어느 정도 조절 능력이 생긴 다음에 배워도 절대 늦지 않다. 조절 능력이 부족한 어린 시절부터 컴퓨터에 빠져 시력이 저하되거나 게임에 중독되면 공부 문제로만 끝나는 것이 아니라 인생 문제로까지 비화될 소지가 있다. 컴퓨터의 경우, 가족의 공동 공간인 거실에 비치해 자녀가 무방비 상태로 혼자 컴퓨터를 사용하지 않도록 하는 편이 현명하다.

그리고 텔레비전이나 컴퓨터 이상으로 아이들의 공부를 방해하는 것이 바로 스마트폰이다. 학교에서도 초등 저학년 아이들이 스마트폰을 뚫어져라 쳐다보고 있는 모습을 종종 목격한다. 뭘 하는지 궁금해서 보면 대부분이 게임에 몰두하고 있다. 1학년보다는 2학년 아이들이 훨씬 심하게 스마트폰에 집착하는 경향을 보인다. 가능하다면 초등 저학년 때는 절대 아이 손에 스마트폰을 쥐어주지 말아야 한다.

실제로 초등 저학년들은 스마트폰이 거의 필요하지 않다. 휴대 전화가 꼭 필요하다면 통화 기능만 되는 키즈폰만으로도 충분하다. 어떤 부모는 자녀가 이야기를 하지도 않았는데 스마트폰을 사주기도 한다. 굉장히 위험한 선택이 아닐 수 없다. 중독에 빠지기 쉬운 것에 대한 조절 능력을 키우는 일도 중요하지만, 그보다는 처음부터 멀리하게 하는 편이 오히려 낫다.

● 아이에게 줄 수 있는 최고의 심리적 환경, '행복한 부모' ●

아이가 공부하는 데 가장 중요한 열쇠를 쥐고 있는 사람은 바로 부모다. 아이를 둘러싼 모든 것 중에 부모보다 더 중요한 환경은 있을 수 없다. 최고 좋은 학군에서 학교를 다니고 번듯한 공부방을 갖췄다 해도 이런 것들은 '물리적 환경'에 지나지 않는다. 물리적 환경보다 더 중요한 것은 '심리적 환경'이다. 그리고 이러한 환경은 아이의 나이가 어릴수록 부모에게 달려 있다. 단순히 물리적으로 좋은 환경을 제공하는 것만으로도 아이가 공부를 잘할 수 있다고 생각하면 큰 오산이다. 공부는 심리적인 부분과 관련이 깊어서 마음이 안정되고 평온할 때 효율이 오른다. 마음이 불안하면 집중이 되지 않아 아무리 오랫동안 책상에 앉아 있어도 효율이 오르지 않는다.

사람의 뇌에서는 크게 두 가지 뇌파, 즉 알파파와 베타파가 나온다. 알파파는 마음이 평온할 때 나오는 뇌파로서 집중력과 암기력 등을 좋게 만들어 학습 효과를 높인다. 반면 베타파는 마음이 불안하고 긴장될 때 나오는 뇌파로서 집중력과 암기력 등을 떨어뜨려 학습 효과를 저하시킨다. 따라서 자녀가 공부를 잘하길 바란다면 값비싼 학용품을 사주거나 유명 학원에 보내는 등 물리적 환경을 챙기기보다 아이의 마음이 편안하도록 심리적 환경을 먼저 조성해줘야 한다.

그렇다면 어떤 방법으로 자녀에게 좋은 심리적 환경을 만들어줄 수 있을까? 아이들에게 "언제 엄마 아빠가 좋습니까? 아니면 싫습니까?"라는 설문을 해보면 흥미로운 결과가 나온다. 부모님이 좋을 때는 답변이 매우 다양하다. 용돈을 줄 때, 칭찬을 해줄 때, 맛있는 밥을 해줄 때, 방을 깨끗하게 치워줄 때, 선물을 주었을 때 등이다. 하지만 부모님이 싫을 때는 대부분 아이들이 꼽는 것이 있는데 바로 엄마와 아빠가 싸울 때다. 아동 심리학자들의 견해에 따르면 부모가 싸울 때 자녀는 극도의 불안감과 긴장감에 휩싸인다고 한다. 이때 불안의 강도는 전쟁이 일어났을 때 그 이상이며, 뇌에서는 베타파가 다량 분비된다. 그렇기 때문에 집중력과 암기력이 현저하게 떨어져 아무리 공부를 해도 전혀 효율이 오르지 않게 되는 것이다. 이와는 반대로 부모가 행복하게 지내는 모습을 보면 아이는 마음이 편해지고 심리적 안정감을 누리게 된다. 이때 아이의 뇌에서는 다량의 알파파가 분비되며, 이로 인해 집중력과 암기력이 눈에 띄게 상승한다. 그래서 1시간을 공부해도 10시간 이상 공부한 효과가 나는 것이다.

진심으로 자녀가 공부를 잘하길 바란다면 유명 학원이나 좋은 공부방 등과 같은 물리적 환경을 먼저 신경 쓸 일이 아니다. 자녀의 심리적 안정감이 최우선이다. 엄마 아빠가 먼저 행복한 인생을 살아가고 그 모습을 자녀에게 보여줘야 한다. 『가르칠 수 있는 용기』라는 책의 저자 파커 J. 파머(Parker J. Pamer) 이런 말을 한다.

'무엇을 가르치고, 어떻게 가르치고, 왜 가르치고가 중요한 것이 아니라 가르치는 사람이 중요하다. 왜냐하면 가르치는 사람은 자아(自我)를 가르치기 때문이다.'

무엇을 어떻게 가르치냐보다 더 중요한 것은 '누가' 가르치냐이다. 가르침이란 단순한 지식을 가르치는 것이 아니다. 가르침은 자신의 의도와는 관계없이 자신의 전인격과 자아를 가르치는 것이다. 이 부분을 인식하는 순간 가르치는 사람은 엄청난 부담감을 느낄 수도 있고, 오히려 가르침의 부담감으로부터 벗어날 수도 있다. 왜냐하면 어차피 가르침이란 내 자신을 가르치는 것이기에 너무 애쓸 필요가 없다. 오직 애써야 하는 것은 나 자신과 내 자아를 돌보는 일이 된다. 내가 먼저 행복하고 내가 제대로 한 다음 가르쳐야 배우는 아이도 나처럼 행복하고 제대로 된 것을 배울 수 있는 것이다.

아이를 가르치는 사람인 부모가 먼저 행복해야 한다. 행복한 부모에게 가르침을 받는 아이는 행복할 수밖에 없고 이 아이는 심리적 행복감에 젖어 공부를 잘할 수 있게 된다. 부모가 싸우지 않고 행복하게 살아가는 모습은 자녀를 심리적으로 안정시키는 최고의 묘약임을 기억해야 한다.

• 긍정의 마음이 좋은 환경을 만든다 •

아이의 심리적 상태에 가장 크게 영향을 끼치는 것 중 하나가 바로 '부모가 나를 어떻게 보고 있는가?'이다. 부모가 긍정적인 시선으로 바라보는 아이들은 매사 자신감이 넘치고 성격이 밝다. 하지만 부모가 부정적인 시선으로 바라보는 아이들은 매사 주눅이 들어 있고 성격이 어둡다. 그러므로 부모라면 철저하게 자녀에 대해 긍정적인 시각을 가질 필요가 있다.

天不生無祿之人 地不長無名之草

(천불생무록지인 지부장무명지초)

하늘은 복 없는 사람을 내지 않고, 땅은 이름 없는 풀을 기르지 않는다.

『명심보감(明心寶鑑)』「성심편(省心篇)」에 나오는 구절로, 이 말에 의하면 하늘은 복 없는 사람을 내지 않는다고 한다. 그렇다면 내 아이를 복 없는 사람이라고 생각해 부정적인 시선으로 바라보는 부모는 하늘의 뜻을 거스르는 게 아닐까? 그리고 땅은 이름 없는 풀을 기르지 않는다고 한다. 그렇다면 내 아이의 인생이 이름 없는 잡초처럼 될까 지레 짐작해 두려워하는 부모는 자녀가 땅이 기르는 풀만큼도 못하다고 생각하는 게 아닐까?

부모는 자녀에 대해 믿음을 가져야 한다. 걱정할 필요가 전혀 없다. 오히려 걱정하면 걱정하는 대로 자녀의 인생이 흘러갈 뿐이다. 아이가 지금 당장 공부를 못하더라도 분명히 잘될 것이라는 믿음이 필요하다. 부모보다 훨씬 복된 인생을 살아갈 것이라는 긍정의 신호가 결국 아이 인생을 복되게 만드는 것이다. 부모가 송신탑이라면 자녀는 수신탑이다. 부모가 신호를 보내면 자녀는 그것을 받는다. 그리고 받은 그대로 세상을 향해 다시 신호를 보내고 그렇게 살아간다.

누군가를 사랑한다는 것은

그 사람 가슴 안의 시를 듣는 것

그 시를 자신의 시처럼 외우는 것

그래서 그가 그 시를 잊었을 때

그에게 그 시를 들려주는 것

류시화 시인은 사랑에 대해 위와 같이 노래했다. 자녀를 사랑한다는 것은 그 가슴 안의 시를 듣는 것이다. 그리고 자녀가 시를 잊었을 때 그 시를 들려주는 것이다. 자녀를 진심으로 사랑한다면 실패했을 때 "그래도 엄마 아빠는 널 사랑한단다. 걱정 마, 네 인생은 잘될 거야"라고 말해줘야 한다. 이런 부모를 둔 자녀는 이미 최고의 환경 속에서 자라는 것이나 다름없다. 그리고 최고의 환경 속에서 자란 아이는 자신과 세상에 대해 자신감을 갖고 씩씩하게 살아갈 수 있다.

집중력이 향상되는 정리의 마법

학교 현장에서 매년 30명 정도의 한 학급을 맡아 지도하다 보면 별의별 아이들이 다 있다. 그중에서도 교사를 가장 힘들게 하는 아이들은 자리를 어지르기만 하고 치울 줄 모르는 아이들이다. 이런 아이들의 책상 위에는 기본적으로 당장 딱히 쓰지도 않는 온갖 책이며 물건이 총출동해 널브러져 있다. 책상 속에는 이미 한 달 전에 나눠준 가정 통신문이 쓰레기처럼 꼬깃꼬깃 처박혀 있고, 학급 문고를 죄다 옮겨 놓았는지 책이 금세 터지기 일보 직전의 만두처럼 꽉 들어차 있다. 교실 뒤편의 사물함도 상황은 마찬가지여서 뒤죽박죽 책 한 권을 찾으려면 모든 물건이 와르르 쏟아지곤 한다.

이렇게 정리가 되지 않는 아이들이 한 반에 서너 명씩은 꼭 있다. 이런 아이들이 한두 명만 있어도 교사는 진이 빠진다. 모두 사랑하는 제자들이지만 눈에 곱게 보일 리 없다. 그래서 매일매일 매시간 전쟁 아닌 전쟁을 벌인다. 정리가 안 되는 아이를 꺼리는 것은 교사뿐만이 아니다. 아이들도 자신보다 정리 못하는 친구를 싫어한다. 당연히 자리가 깔끔하고 정리 정돈을 잘하는 친구를 좋아한다.

사실 초등 1학년 아이들은 자리 정리를 못해도 교사가 너그럽게 대하는 경향이 있다. 게다가 정리 방법을 매우 자세하게 가르치고 익숙해질 때까지 끊임없이 훈련시킨다. 하지만 2학년 때부터는 교사의 태도가 많이 바뀐다. 자리 정리를 못하면 그것도 하나 제대로 못한다고 핀잔 듣기 일쑤다. 자리 정리 습관이 제대로 들지 않은 채로 3학년이 되면 교사에게 따가운 눈총을 받을 가능성이 높아진다. 그러므로 아무리 늦어도 2학년 때 자리 정리 습관을 완전하게 잡아줘야 한다.

• 정리 정돈과 집중력의 상관관계 •

우리는 대개 정리 정돈의 유익을 피상적으로 생각한다. 정리 정돈을 하면 자신만의 분류 기준을 만들 수 있고, '무엇을 어떻게 할까?'와 같이 계획하는 힘이 생기며, 물건을 제자리에 두기 위한 관찰력도 발달한다. 하지만 정리 정돈의 유익은 이 정도에 머무르지 않는다.

컴퓨터가 보편화되고 정보 사회화가 빠르게 진행될수록 정리 정돈이 더욱 요구되고 있다. 사실 대부분의 사람들은 정보화 사회가 되면 단순하면서 반복적인 일들을 컴퓨터가 대신해줘 인간은 좀 더 편해질 거라고 생각했다. 하지만 현실은 정반대의 길을 걷고 있다. 한 연구 결과에 의하면 2011년 미국인이 하루 동안 처리하는 정보량은 1981년에 비해 5배나 많아졌다고 한다. 이를 양으로 따지면 신문 175부에 해당한다. 장을 볼 때도

1976년에는 9천여 종의 상품 사이에서 고민했지만, 이제는 4만여 종 사이에서 고민을 해야 한다고 한다. 이처럼 시대가 변하면서 우리 뇌는 점점 혹사당하고 있다. 자칫 잘못하다가는 무차별적으로 주입되는 수많은 정보에 짓눌려 숨이 막힐지도 모를 일이다. 이때 가장 절실하게 필요한 것이 바로 정리 정돈이다.

창고에 물건을 넣을 때 아무렇게나 쑤셔 넣으면 조금밖에 넣을 수 없다. 하지만 정리 정돈을 잘해서 넣으면 서너 배 이상 넣을 수 있다. 우리 뇌도 마찬가지다. 수없이 쏟아져 들어오는 정보를 잘 정리해서 저장하면 얼마든지 여유롭게 받아들일 수 있다. 어떤 사람은 머릿속의 정리와 일상 주변의 정리가 무슨 상관관계가 있느냐고 반문할지도 모른다. 하지만 매우 밀접한 관련이 있다. 눈에 보이는 주변도 정리하지 못하는 사람이 하물며 눈에 보이지 않는 머릿속을 잘 정리할 수 있을까? 보이는 곳을 잘 정리하는 사람은 보이지 않는 곳도 잘 정리하기 마련이다.

그리고 정리 정돈을 잘하면 집중력을 높일 수 있다. 언젠가 미국의 경제 월간지 『INC닷컴』에서 '집중력을 높이는 손쉬운 방법 5가지'를 소개한 적이 있다. 시끄러운 잡음 없애기, 멀티태스킹(다중 작업) 피하기, 산책, 스마트폰 꺼두기와 더불어 제안한 방법이 바로 주변 정리 정돈이었다. 작업 공간을 깔끔하게 정리 정돈하면 혼란 없이 업무에 임할 수 있어 집중력을 최대한으로 끌어올릴 수 있다는 것이다. 다시 말해 아이들도 자신의 공부방이나 책상을 스스로 깔끔하게 정리 정돈하는 일로 집중력의 기반을 만들 수 있다.

● 정리 정돈이 품격 있는 아이를 만든다 ●

1969년 스탠포드 대학교의 심리학자 필립 짐바르도 교수가 한 재미난 실험을 했다. 사람들이 많이 지나다니는 곳에 똑같은 두 대의 자동차를 일주일 동안 보닛을 열어둔 채 세워두었다. 그리고 그 중 한 대는 유리창을 깨두었다. 그런데 1주일 뒤에 보닛만 열어둔 자동차는 그대로였지만 유리창을 깼던 자동차는 자동차 부품도 다 도난이 되어 완전 폐차 상태가 되었다. 우리에게 잘 알려진 '깨진 유리창의 법칙'이다.

깨진 유리창의 법칙에서도 잘 드러나듯이 정리 정돈이 되지 않은 대상에 대해서는 사람들은 함부로 해도 된다고 생각하는 경향이 있다. 학교에서도 정리 정돈이 잘 안 되는 친구를 무시하고 함부로 대하는 경우를 본다. 정리 정돈의 유익은 더 많은 정보를 저장할 수 있게 해준다든지 집중력을 올려주는 것에 머물지 않는다. 정리 정돈에는 아이의 품격을 달라 보이게 하는 묘한 힘이 있다. 정리 정돈을 잘하는 아이들은 어딘가 모르게 품위가 있어 보인다. 그리고 사람들은 대개 정리 정돈이 잘된 공간에서 좀 더 조심스럽게 행동하는 경향이 있다. 하지만 정리 정돈을 못하는 아이들은 어쩐지 뭔가 부족해 보인다. 이는 공간도 마찬가지여서 정리 정돈을 하지 않아 어질러진 곳에 들어서면 사람들은 대개 긴장의 끈을 느슨하게 풀어놓는다.

교실을 관찰하다 보면 몇몇 아이들이 자신의 쓰레기를 지저분한 친구의 자리에 몰래 버리는 광경을 심심치 않게 목격한다. 사실 이러한 행동의 저변에는 정리 정돈이 안 된 곳은 함부로 해도 된다는 생각이 자리하고 있다. 다른 아이들이 우리 아이를 함부로 대하지 못하게 하려면 주변 정리 정돈부터 차근차근 가르쳐야 할 것이다.

그뿐만 아니라 아이들은 정리 정돈을 함으로써 자신의 물건에 대한 애착심을 가질 수 있다. 자신의 물건에 대한 애착심이 없는 아이들에게 가장 흔히 나타나는 증상은 '물건 아무 데나 질질 흘리고 다니기'이다. 물건을 잘 챙기지 못하는 아이들을 보면서 누군가는 대수롭지 않게 '잘 깜빡한다'고 생각할 수도 있다. 하지만 학교에서 물건을 깜빡하고 다니는 아이들의 자리를 보면 십중팔구 지저분하다. 물건을 깜빡하고 질질 흘리며 잃어버리는 것은 단순한 기억의 문제가 아니라 정리의 문제이고 애착심의 문제일 가능성이 높다. 자신의 물건을 잘 정리 정돈한다는 것은 그 물건에 대한 애착심의 방증이다. 게임을 좋아하는 아이가 외출할 때 게임기를 깜빡하는 걸 본 적이 있는가? 아이한테는 게임기에 대한 애착심이 있기 때문에 반드시 챙기기 마련이다. 다시 말해 정리 정돈이란 물건에 대한 애착심을 높여 뭐든 꼼꼼하게 잘 챙기는 아이, 즉 품격 있는 아이로 만드는 지름길이다.

● 정리 정돈에 대한 바른 원칙 ●

어떤 부모는 정리 정돈을 시간 낭비라고 생각하기도 한다. 대개 이런 부모는 자녀가 정리 정돈을 하려고 하면 다음과 같이 말한다.

"엄마가 치울 테니 넌 그 시간에 공부나 해."

하지만 이런 태도는 매우 곤란하다. 정리 정돈은 직접 해보지 않으면 절대 늘지 않으므로 어려서부터 가능하면 자꾸 해봐야 한다. 눈에 보이는 환경을 잘 정리하는 아이일수록 구조적인 사고에 능하고 머릿속도 체계적이라는 사실을 꼭 명심해야 한다. 당장의 정리 정돈을 시간 낭비라고 생각하면 그 아이는 나중에 뒤죽박죽 뒤엉킨 머릿속에서 원하는 정보를 찾기 위해 더 오랜 시간을 낭비할지도 모른다. 부모가 솔선수범해 정리 정돈에 대한 바른 원칙을 세워 부단히 노력하다 보면 어느 순간 아이도 정리 정돈을 잘하게 될 것이다.

부모가 먼저 모범을 보인다

퇴근해서 집에 돌아와 제대로 씻지도 않고 옷과 양말을 아무 데나 벗어 놓는 아빠가 있다고 가정해보자. 그런 아빠를 보면서 아이는 무엇을 배울 수 있을까? 무의식중에 아빠처럼 물건을 아무 데나 어질러놓는 아이가 되기 십상이다. 정리 정돈과는 전혀 무관한 아이로 자라는 것이다. 정리 정돈을 잘하는 아이로 키우고 싶다면 반드시 부모가 먼저 모범을 보여야 한다. 집 안 정리 정돈은 말할 것도 없고 밖에서 길에 버려진 쓰레기를 줍는 부모의 모습을 보면서 아이는 정리 정돈의 중요성을 배울 것이다. 삶으로 가르치는 것만 남는다는 말을 되새길 필요가 있다.

스스로 할 수 있을 때까지 기다린다

매번 부모의 강요에 의해 정리 정돈을 하는 것은 되도록 지양해야 한다. 부모가 강요해서 정리 정돈을 하면 이것을 왜 해야 하는지 이유를 모른 채 시키는 대로만 하기 때문이다. 이런 행동을 반복하다 보면 부모에 대한 반항심이 생길 뿐만 아니라 타의적인 아이가 되기 쉽다. 부모는 아이에게 정리 정돈을 가르칠 때 반드시 인내심을 가져야 한다. 아이마다 차이가 있지만 몇몇은 너무 어지른 나머지 활동 반경에 제한이 생기면 스스로 정리를 하기도 한다. 다시 말해 기다림은 자녀의 정리 정돈 습관 기르기 단계에서 부모가 꼭 갖춰야 할 미덕이다.

정리 정돈을 못하는 원인을 살펴본다

정리 정돈을 못하는 원인으로 단순한 의지 부족을 꼽는 경우가 많다. 하지만 아이에게 정리 정돈은 그렇게 간단한 문제가 아니다. 물론 게으름과 그에 따른 의지 부족이 원인일 수도 있지만 부모에 대한 수동적인 반항의 표현으로 정리 정돈을 안 할 수도 있다. 그런가 하면 분류 구조화에 서툴러 정리 정돈을 못하는 경우도 있다. 이를 테면 장난감 상자에 책을 넣는다든지, 책상 서랍에 딸기나 바나나 등 음식을 보관한다든지 하는 아이는 분류 구조화에 미숙한 것이다. 이는 정리의 문제가 아니라 뇌 발달이 원인일 수도 있다.

정리 정돈을 너무 강조하지 않는다

정리 정돈이 중요하다고 하니 이것을 필요 이상으로 심하게 강조하는 부모들이 있다. 하지만 자칫하다가는 역효과가 날 수 있으니 꼭 주의해야 한다. 오히려 아이가 정리 정돈을 정말 싫어하게 될 수도 있기 때문이다. 정리 정돈을 가르치는 과정에서 많은 경우 부모는 아이와 부딪치기 쉽다. 처음에는 차근차근 정리 정돈을 가르치다가도 아이가 제대로 따라오지 못하거나 말을 못 들은 척하면 부모는 화가 날 수밖에 없다. 심한 경우 윽

박을 지르기까지 한다. 이렇게 되면 부모와 자녀의 관계가 깨질 수도 있다. 작은 것을 얻으려다 큰 것을 잃어버리는 셈이다. 특히 지나치게 깔끔하거나 정리 정돈에 대한 기대치가 높은 부모라면 반드시 기억해야 하는 원칙이다.

● 정리 정돈 습관을 들이는 방법 ●

정리 정돈은 습관으로 자리 잡기까지가 쉽지 않은 편이다. 학교에서도 학기 초인 3월부터 정리 정돈을 열심히 가르치지만 학기 말에 가서도 좀처럼 습관이 형성되지 않는 경우가 왕왕 있다. 아이에게 정리 정돈 습관을 들일 때는 조급함은 버리고 일관성은 유지하면서 꾸준히 지도하는 것이 가장 중요하다.

아이와 함께 정리 정돈 규칙을 정한다

정리 정돈을 어떻게 할 것인지 자녀와 함께 정하는 것이 좋다. 어떤 물건을 어디에 놓을 건지, 언제 할 것인지, 어느 정도 할 것인지 등을 생각해보는 것이다. 부모가 일방적으로 정해놓은 규칙보다는 자녀가 직접 참여해 함께 세운 규칙이 더 효과적인 법이다. 규칙을 만들었다면 그다음으로는 부모의 일관적인 태도가 중요하다. 되도록 비슷한 시간에 정리를 유도하거나 점검을 하면 된다.

정리 정돈 방법을 최대한 상세하게 가르친다

매년 3월 학기 초에 구체적인 안내 없이 아이들에게 책상 속을 정리

하라고 하면 한마디로 가지각색, 중구난방으로 한다. 어린아이들에게는 "정리해"라는 말이 무의미할 때가 많다. 정리하는 것이 무엇인지 잘 모르는 경우가 대부분이기 때문이다. 그래서 이렇게까지 해야 되나 싶을 정도로 하나하나 세세하게 가르칠 필요가 있다. 책상 서랍은 어떻게 정리하는지, 책은 책장에 어떻게 꽂아야 하는지, 옷장은 어떻게 정리하는지, 옷은 어떻게 개는지, 침대 정리는 어떻게 하는지 등 모두 자세하게 알려줘야 한다. 조금 번거롭더라도 한두 번 알려주는 선에서 그치지 말고 진짜 습관이 될 때까지 반복해줘야 한다.

정기적으로 부모가 정리 정돈을 한다

정리 정돈이 아직 익숙하지 않은 아이에게는 부모의 정기적인 정리 정돈이 도움이 된다. 부모가 먼저 정리 정돈을 한 다음, 아이가 그 상태를 유지할 수 있게 이끌어주면 좋다. 아이가 아무리 정리를 잘해도 어른보다는 분류하는 능력이나 관찰력이 부족하기 때문에 제대로 하기까지는 무리가 많이 따른다. 그렇기 때문에 한번 흐트러지기 시작해 어느 적정선을 넘겨버리면 자포자기 상태로 가기 쉽다. 그 전에 부모가 적당히 개입해 정리 정돈을 하고 유지하도록 도와주면 부모와 자녀가 크게 부딪칠 일이 없다.

정리 정돈이 잘된 모습을 사진으로 남긴다

부모가 정리 정돈을 한 다음에는 깔끔한 모습을 사진으로 찍는다. 그러고 나서 책상, 옷장, 침대, 장난감 정리 사진 등을 각각의 장소에 붙여놓고, 아이한테는 사진과 같은 상태를 유지할 것을 주문한다. 만약 정리 정돈 상태가 많이 흐트러지면 놀이 시간을 줄이거나 용돈을 삭감하는 등 구체적인 벌칙을 준다.

책읽기로 생각의 저수지에 물을 채워라

겨울철에 눈이나 비가 충분히 내리지 않으면 이듬해 농사를 망친다. 겨우내 눈이나 비가 내려 저수지에 물이 채워져야지만 다가오는 봄에 그 물로 모내기를 할 수 있기 때문이다. 이런 자연의 이치는 공부에서도 통한다. 딱 마음먹고 공부를 열심히 해야 하는 시기는 중고등학교 때지 초등학교 때가 아니다. 초등학교 때는 생각의 저수지에 물을 채워야 하는 시기다. 그래야 나중에 공부를 많이 해야 할 때 끌어다 쓸 물이 부족하지 않을 것이다.

생각의 저수지에 물을 채우는 일이 무엇일까? 바로 책읽기다. 공부는 책읽기를 떠나서 생각할 수 없다. 공부와 책읽기는 떼려야 뗄 수 없는 불가분의 관계다. 책을 잘 읽으면 읽을수록 공부를 잘할 확률이 높아진다. 초등 2학년 때까지 다른 것은 다 놓쳐도 괜찮다. 단, 책읽기 습관만큼은 반드시 잡아줘야 한다. 그런데 현실은 어떤가? 생각의 저수지를 제때 충분히 채우지 않아서 나중에 곤란해하는 경우를 많이 본다. 혹은 생각의 저수지를 채우기는 했지만 물의 상태가 좋지 않아 쓸 수 없는 경우도 비일비재하다. 책읽기는 당장 효과가 나타나지 않을 수도 있지만 아이의 미래를 위해 반드시 필요한 핵심 습관이다.

● 어휘의 한계 = 세계의 한계 ●

책읽기가 중요한 이유는 무엇일까? 어휘력, 문해력, 상상력, 창의력, 문제 해결력, 배경지식, 사고력 등을 키워주기 때문이다. 이중에서 어휘력은 책을 읽고 공부하는 데 가장 핵심적인 역할을 하는 요소다. 어휘력의 차이는 특히 2학년 아이들한테서 눈에 띄게 나타난다. 똑같은 2학년이라도 어떤 아이는 고학년 수준의 어휘력을 갖고 있는 반면, 다른 아이는 유치원 수준조차 안 되는 어휘력을 갖고 있다.

어휘력의 수준이 낮으면 여러 가지 문제가 발생한다. 우선 시험을 잘 보지 못한다. 어휘 한두 개의 뜻을 몰라 간발의 차이로 자꾸 문제를 틀리기 때문이다. 또한 교과서를 읽고 이해하기 힘들다. 초등 고학년들은 대부분 가장 어려운 과목으로 의심의 여지없이 사회를 꼽는다. 사회 교과서에 나오는 어휘를 잘 모르기 때문이다. 이뿐만이 아니다. 어휘력이 부족하면 교사의 설명을 잘 알아듣지 못해 수업 시간에 계속 딴짓을 하게 되고, 산만한 아이가 된다.

어휘력이 낮은 아이들은 친구들과의 의사소통에서도 어려움을 겪곤 한다. 친구와의 관계가 좋으려면 내 마음이나 생각을 적절한 어휘를 통해 설명해야 한다. 그런데 어휘력이 낮은 아이들은 이런 의사소통이 어렵기 때문에 교우관계에서 어려움을 겪기 마련이다. 이런 모든 문제들이 모두 어휘력으로 인해 빚어진 문제점들이다.

언어학자들의 연구에 따르면 인간은 사춘기 이전에 평생 사용할 어휘의 80% 이상을 습득한다고 한다. 사춘기 이전이 언제인가? 바로 초등학교 시절이다. 이러한 주장을 뒷받침해줄 만한 자료로는 일본의 교육 심리학자 사카모토 이치로(阪本一郎)의 '아동 및 청년의 어휘량 발달표'를 참고할 만하다.

연령	어휘량 증가	연증가량
7	6,770	–
8	7,971	1,271
9	10,276	2,306
10	13,878	3,602
11	19,326	5,448
12	25,668	6,342
13	31,240	5,572
14	36,229	4,989

이 표에 의하면 태어나면서부터 7세까지 어휘량의 증가 속도는 한 해에 500단어 내외 정도다. 하지만 초등학교 1학년 시기인 8세부터는 증가

속도가 확연히 달라진다. 1학년인 8세 때는 한 해에 2,000단어 이상이 늘어나고, 2학년인 9세 때는 3,000단어 이상이 늘어나다가 3, 4학년 때는 비로소 어휘력의 빅뱅 시기를 맞는다. 이때는 매해 5,000단어 이상씩 증가하는데, 습득하는 어휘가 급속도로 증가하는, 이른바 '어휘 폭발기'가 시작되는 것이다. 1년에 5,000단어를 습득하려면 하루에 반드시 15단어 정도를 습득해야 한다는 산술적인 계산이 나온다. 실로 엄청난 양이라 할 수 있다.

초등 1학년 때부터 어휘력이 조금씩 쌓이기 시작해 준비기인 2학년을 거쳐 비로소 3, 4학년 때 어휘의 폭발이 일어난다. 이때 조금 더 큰 폭발을 일으키려면 이전부터 준비를 제대로 해야 한다. 2학년 때부터 3, 4학년 때 일어날 어휘의 폭발을 늘 염두에 두고 있어야 한다는 의미다. 그렇지 않으면 3, 4학년이 되어서도 어휘의 폭발이 제대로 일어나지 않고, 일어나더라도 작은 폭발에 그칠 수 있다. 이런 현실 때문에 초등 2학년은 특히 중요하다. 초등 2학년 때까지는 아이의 책읽기 습관을 반드시 잡아줘야 한다. 수많은 어휘를 습득할 수 있는 가장 현실적인 방법이 바로 책읽기이기 때문이다.

인간은 자신의 머릿속에 저장된 어휘만큼만 이해할 수 있고 생각할 수 있으며 느낄 수 있다. '어휘의 한계가 세계의 한계'라는 말이 괜히 있는 게 아니다. 이렇듯 중요한 어휘의 양은 초등학교 시절에 폭발적으로 증가한다. 초등 2학년은 어휘 폭발기를 준비할 수 있는 마지막 시기임을 꼭 기억해야 한다.

책읽기를 열심히 하면 국어만 잘할 수 있다고 생각하기 쉽다. 하지만 그렇지 않다. 전 과목을 다 잘할 수 있다. 국어의 경우 책을 많이 읽는 아이들은 시험공부를 따로 할 필요가 전혀 없다. 초등학교 국어 시험은 긴 지문을 주고 이와 관련된 3~4개의 문제를 출제하는 방식이 가장 흔한데, 대부분의 문제는 지문을 읽고 그 내용을 제대로 이해했는지에 대해 묻는다. 이런 문제 유형은 책을 많이 읽은 아이들에게 절대적으로 유리하다. 지문을 읽고 이해한 다음, 중심 생각을 찾아낸다면 쉽게 문제를 풀 수 있기 때문이다. 하지만 상대적으로 독서량이 적은 아이들은 학원이나 문제집에 의존하며 교과서 지문의 중심 생각을 외우려고 노력한다. 제대로 내용을 이해하려고 노력해보지도 않은 채 당장 눈앞의 성적만을 위해 공부하는 것이다.

이런 방식으로 국어 공부를 하는 아이들은 얼마 못 가 절대적인 한계에 부딪친다. 국어 시험에서 교과서 밖의 지문이 출제될 경우, 지문을 읽어도 이해하지 못해 그 지문에서 중심 생각을 찾는 일이 불가능하기 때문이다.

수학도 책을 읽지 않으면 잘할 수 없다. 예전의 산수와 지금의 수학은 시험 문제 유형부터가 완전히 다르다. 초등 2학년의 과거 산수 문제와 현재 수학 문제를 살펴보면 다음과 같다.

과거 산수 문제	현재 수학 문제
35+47=□ …→ 과거에는 단순한 연산을 묻는 유형이 많았다. 이런 유형은 별도의 문제 이해력 없이 기본적인 연산만 할 줄 알면 쉽게 풀 수 있다.	개미집에 개미가 35마리 있습니다. 이웃 마을에서 47마리가 놀러왔습니다. 현재 개미집에 있는 개미는 모두 몇 마리입니까? …→ 이 문제는 풀이를 위해 식을 세우면 결국 35+47=□가 된다. 이렇게 문제를 파악해 식을 세우려면 문장 이해력과 사고력 등이 필요하다. 현재 수학 문제 유형은 긴 서술형 문장제가 대부분이며, 이는 당연히 단순한 연산 문제보다 더 높은 사고력과 창의력, 문제 해결력을 요한다.

어른의 시각으로 보면 둘 다 쉬울지 몰라도 2학년 아이들은 서술형 문제를 훨씬 어려워한다. 과거 산수 문제처럼 단순 연산 문제를 내면 한두 명 정도 빼고는 모두 정답을 맞힌다. 하지만 서술형으로 문제를 내면 정답률이 확 낮아진다. 이해력 때문이다. 이해력이 낮은 아이들은 수학 학원을 다녀봤자 별 소용이 없다. 반드시 책을 읽어야 문제를 해결할 수 있다.

요즘은 수학 문제가 서술형 문제로 그치지 않고 '서술형 평가'로 바뀌었다. 서술형 평가란 문제도 긴 서술형일 뿐만 아니라 문제에 '풀이과정'을 쓰라고 요구하는 평가 방식이다. 출제자가 알아보기 쉽게 논리력과 표현력을 갖춰 써야 하기 때문에 아이들이 매우 곤혹스러워 한다. 풀이과정에 '계산하면 나온다'라든지 '꼼꼼하게 읽어본다'라는 식의 정말 황당한 답을 써놓기도 한다. 이런 문제들은 대부분 책읽기를 제대로 하지 않아 이해력과 문해력이 낮아 빚어진 문제들이다. 이제는 수학 책이 국어 책처럼 바뀌면서 이해력이 부족하거나 배경지식이 없는 아이는 수학 책을 읽는 것조차도 버거워졌다.

사회나 과학의 경우 성적을 결정하는 가장 큰 요인은 배경지식이다. 배울 내용과 관련해 사전 배경지식이 형성된 아이와 그렇지 않은 아이는 수업 시간에 현격한 차이를 보인다. 한번은 2학년 통합 시간에 북한과 관련된 내용을 가르치는데, 한 남자아이가 북한에 대해 이미 많이 알고 있었다. 지식의 수준이 교과서를 넘어 심지어는 교사보다 더 깊고 풍성했다. 북한과 관련된 책을 많이 읽었기 때문이었다. 그날 이 아이 덕분에 수업을 수월하게 진행할 수 있었다. 아직 2학년이지만 고학년 혹은 교사보다 더 많은 지식을 섭렵한 아이들의 공통점은 딱 하나다. 바로 책을 많이 읽어서다.

● 반드시 읽기 독립을 시켜라 ●

책읽기에 있어 초등 2학년 아이들에게 가장 중요한 것은 '읽기 독립'이다. 읽기 독립은 한글을 뗀 다음, 누군가 책을 읽어주지 않더라도 스스로 책을 읽는 걸 의미한다. 읽기 독립은 한글 떼기와는 다른 개념이다. 몇몇 아이들은 한글의 낱글자뿐만 아니라 통글자를 거의 다 아는데도 스스로 책을 읽지 않으려고 하거나 못 읽는다. 이런 아이들은 한글을 떼긴 했지만 읽기 독립은 미처 이뤄지지 않은 상태라고 할 수 있다. 읽기 독립을 하지 못한 아이들은 한글을 알긴 하지만 스스로 책을 읽지는 못한다. 책에 대한 막연한 두려움이 있거나 읽기 습관이 형성되지 않았기 때문이다. 1학년이면 최소 10분, 2학년이면 최소 20분 정도는 스스로 집중해서 책을 읽을 수 있는 읽기 독립을 반드시 해야 한다.

만약 읽기 독립을 하지 않은 상태로 초등학교에 입학하면 정말 곤란한 일이 벌어진다. 초등학교의 수업 시간은 40분이다. 그중에서 초반 10분 정도는 교사가 오늘 배울 내용에 대해 설명한다. 그리고 나머지 30분 동안 수업 내용과 관련된 활동을 진행한다. 이를 테면 국어 시간에는 글을 쓰고, 수학 시간에는 문제를 풀며, 통합 시간에는 그림을 그리는 것이다. 교사는 가장 느린 학생을 기준으로 아이들에게 활동 시간을 최대한 여유 있게 준다. 그렇기 때문에 느린 아이들과 빠른 아이들의 격차가 짧게는 5분에서 길게는 10분까지 벌어지곤 한다. 활동을 빨리 마친 아이들은 눈을 반짝이며 선생님한테 묻는다.

"선생님, 저 다했는데 이제 뭐해요?"

이런 아이들을 위해 교사가 미리 심화 활동을 준비했다가 제공해주면 더없이 좋겠지만 현실적으로 쉽지 않다. 그래서 대부분의 교사들이 "다했으면 책 읽어라"라고 이야기한다. 정말 이 말이 떨어지기가 무섭게 읽기 독립이 된 아이들은 책상 서랍 속에서 자기가 읽던 책을 꺼내서 읽는다. 하지만 읽기 독립이 되지 않은 아이들은 이때부터 떠들거나 딴짓을 하면서 다른 친구들을 방해하기 바쁘다. 당연히 교사의 눈에 예뻐 보일 리가 없다.

이런 상황은 매 수업 시간마다 벌어진다. 읽기 독립이 잘된 아이들은 자투리 시간을 활용해 하루에도 한두 권의 책을 가볍게 읽어낸다. 읽기 독립이 질적으로 다른 학교생활을 하게 만드는 셈이다. 만약 내 아이가 초등 2학년인데도 아직 읽기 독립이 이뤄지지 않았다면 당장 읽기 독립부터 시켜줄 일이다. 그래야 학교에서 자투리 시간을 알차게 보낼 수 있을 뿐만 아니라 교사에게도 사랑받는 아이가 될 수 있다.

● 책 읽는 아이로 만드는 방법 ●

내 아이를 책 읽는 아이로 만들려면 어떻게 해야 할까? 아이의 하루 스케줄 중에서 독서 시간을 반드시 1순위로 확보해주어야 한다. 2순위나 3순위가 아닌 1순위여야 한다. 많은 부모들이 학원에 가는 것을 독서보다 우선하는 경우가 크다. 학원을 돌다 보면 항상 독서 시간이 모자라거나 뒷전이 되기 쉽다. 이래서는 절대 독서를 잘할 수 없다. 2학년이라면 하루 최소 30분 혹은 1시간 독서 시간을 확보해주어야 한다. 독서는 시간이 남을 때 하면 좋고 안 해도 그만이라는 생각을 가지고 있다면 이것부터 고쳐야 한다. 학원은 하루 정도 걸러도 된다. 하지만 독서는 하루라도 거르면 안 된다는 각오가 있어야 한다.

아이의 독서 습관 형성을 위해 텔레비전을 없애라고 권하고 싶다. 텔레비전은 책읽기와 상극이다. 텔레비전은 영상 자극물인데 반해 책은 문자 자극물이다. 영상은 문자보다 자극의 강도가 훨씬 세다. 이런 이유로 영상 자극에 자주 노출되는 아이는 자연스럽게 문자 자극인 책읽기를 점점 멀리하게 된다.

다음으로 부모가 반드시 책 읽는 모습을 보여줘야 한다. '아이는 부모의 뒷모습을 보며 큰다'는 말이 있다. 초등 1, 2학년 때까지는 부모가 집에서 굳이 책을 읽지 않아도 아이가 알아서 책을 읽는다. 하지만 3, 4학년 때부터는 상황이 전혀 달라진다. 부모가 책을 읽지 않으면 아이도 책을 읽지 않는다. 5, 6학년 중에서 자발적으로 책을 읽는 아이들은 대부분 부모도 집에서 책을 읽는다.

> 잉크가 옷과 책에 묻었다면 책의 잉크부터 먼저 닦아라. 지갑과 책이 땅에 떨어졌다면 책을 먼저 주워라.

유대인의 속담이다. 유대인처럼 부모에게 책을 사랑하는 마음이 있다면 아이는 자연스럽게 책을 아끼고 좋아하게 될 것이다. '삶으로 가르치는 것만 남는다'고 했다. 아이가 책을 읽길 바란다면 부모는 손에 텔레비전 리모컨 대신 책을 들어야 한다.

마지막으로 가족 독서 시간을 가지라고 권하고 싶다. 매일 같은 시간, 같은 장소에 모여 가족이 다 함께 책을 읽는 것이다. 무엇이든 혼자 하면 어느 순간 나태해질 수 있지만, 함께하면 그 마음을 추스를 수 있고, 보다 강한 실천력을 발휘할 수 있다. 아이가 어릴수록 가족 독서 시간은 아이의 책읽기 습관 형성에 굉장히 큰 도움이 된다.

잘못된 선행 학습이 아이를 망친다

현장 학습이나 수련회를 갔다가 돌아오는 버스 안에서 아이들이 꼭 하는 질문이 있다.

"선생님! 몇 시에 도착해요?"

얼핏 들으면 도착 시간이 궁금해 묻는 것 같지만 아이들의 꿍꿍이는 따로 있다. 바로 학원 때문이다.

"음, 3시 30분 정도면 도착할 것 같은데……."

선생님의 대답 한마디에 아이들의 반응이 전혀 다르게 나타난다. 학원에 안 가도 되는 아이들은 환호성을 지르고 꼼짝없이 가야 하는 아이들은 실망스러운 표정을 짓는다. 학원에 가야 하는 아이들은 이런 말을 내뱉는다.

"선생님, 30분만 늦게 도착하면 안 돼요? 그러면 학원 안 가도 되는데……."

"부처님! 예수님! 차 좀 막히게 해주세요!"

몇몇 아이들은 엄마한테 전화하기 바쁘다.

"엄마, 오늘 하루만 학원 빠지면 안 돼?"

엄마의 허락 여부는 아이의 표정만 봐도 알 수 있다. 어떤 아이는 힘없이 전화를 끊고, 또 다른 아이는 기뻐서 소리친다.

"아싸! 오늘 학원 안 가도 된다!"

그러면 주변의 아이들이 부러운 듯 물끄러미 바라보면서 한마디씩 한다.

"와, 좋겠다~"

"나도 오늘은 정말 학원 가기 싫은데……."

● 사교육과 실력 향상의 관계 ●

요즘 2학년 아이들은 학원을 참 많이 다닌다. 영어 학원은 필수 코스요, 수학 학원은 필수 옵션이다. 학원은 학교만큼이나 당연히 다녀야 하는 곳으로, 현실에서는 학원을 보내지 않는 부모를 걱정과 의구심이 어린 시선으로 바라본다. 어떤 부모들은 아이의 학원 스케줄을 짜주고, 그 스케줄에 따라 아이를 실어 나르는 일이 부모의 역할이라고 생각하기도 한다. 그러다 보니 학원에서 내준 숙제를 하느라 학교 수업을 외면하는 일은 예사요, 학교는 빠져도 학원은 빠지면 안 된다고 여기는 부모나 아이도 여럿 있다. 하지만 학원이 정말 아이 공부에 도움이 되는지에 대해서는 진지하게 고민하지 않는다. 대다수의 부모들은 '막연한 불안감' 때문에 아이를 학원에 보낸다. 아이의 실력을 키워주기 위해 보내는 게 아니라, 옆집 아이도 다니는데 내 아이만 안 보내면 왠지 뒤처질 것 같아 보내는 것이다.

『적기교육』이라는 책에 눈여겨볼 만한 통계가 등장한다. 취학 전 조기 사교육을 많이 받은 아이들과 그렇지 않은 아이들을 대상으로 1학년 때 독해력, 논리력, 맞춤법 등의 평균 점수를 비교해봤는데 다음과 같은 결과가 나왔다.

	조기 사교육을 받은 집단	조기 사교육을 받지 않은 집단
독해력	48.33점	51.07점
논리력	49.31점	50.99점
맞춤법	49.25점	51.08점
오자	49.65점	50.66점
관련 단어 찾기	49.69점	50.48점

위의 통계에 의하면 조기 사교육을 받은 집단의 평균 점수는 49.25점, 조기 사교육을 받지 않은 집단의 평균 점수는 50.86점으로 오히려 조기 사교육을 받지 않은 아이들의 평균 점수가 높은 것으로 나타났다. 그리고 같은 아이들을 대상으로 3학년 때 평균 점수도 비교해봤는데 결과는 1학

년 때와 거의 비슷했다. 조기 사교육은 부모의 기대만큼 아이에게 좋은 결과를 가져다주지 않는다.

그런데 요즘 상황은 어떤가. 영어마저도 조기 사교육을 잔뜩 받은 다음에 초등학교에 입학한다. 심지어 한 달 수업료가 직장인 월급에 해당하는 영어 유치원에 보내기도 한다. 그렇다면 이런 사교육이 아이의 영어 실력 향상에 정말 도움이 되는 것일까? 물론 몇몇 아이들한테는 도움이 되겠지만 또 다른 아이들한테는 오히려 폐해만 심각하게 나타난다. 우리말 어휘력이 빈약하거나 수업 태도가 산만한 아이들 중에 영어 유치원 출신이 많다는 건 공공연한 비밀이다. 수학도 마찬가지다. 한 통계에 따르면 우리나라 아이들은 초등학교에 2학년 수학 실력으로 입학해서 결국 5학년 수학 실력으로 졸업한다고 한다. 초등학교에서 6년 동안 수학을 공부했지만 정작 실력은 4년 분량밖에 늘지 않은 셈이다. 2학년 수학 실력으로 입학시키기 위해 얼마나 많은 시간과 돈을 투자했는데 부모는 실망스러울 수밖에 없다.

이처럼 사교육은 아이의 실력 향상과는 무관한 측면이 크다. 그런데 왜 부모들은 이토록 사교육에 매달리는 것일까? 그저 욕심과 불안감 때문은 아닐까? 다른 아이보다 조금 더 일찍 배우는 조기 교육과 조금 더 많이 배우는 과잉 교육이 굉장히 효과를 발휘할 것 같지만 실은 그렇지 않다. 오히려 역효과만 불러일으킬 뿐이다.

• 학원은 아이를 공부의 꼭두각시로 만든다 •

사교육의 가장 큰 폐해 중 하나는 아이가 자기 주도 학습 능력을 키우기 어렵다는 것이다. 자기 주도 학습 능력은 말 그대로 자기 스스로 공부 계획을 세우고 실천하는 능력을 뜻한다. 그런데 학원 등 사교육에 익숙해지면 이 능력을 키우기가 좀처럼 힘들다.

자기 주도 학습 능력은 자신에게 주어진 시간에 무엇을 할지 스스로 계획한 다음, 그것을 실천하는 과정 속에서 형성된다. 이때 수많은 실수를 하고 실패를 겪는 건 너무나 당연하다. 실수를 고치고 실패를 극복하면서 자신에게 맞는 공부 방법을 찾아나가는 것이기 때문이다. 하지만 사교육에 매달리다 보면 이런 과정을 거칠 기회가 거의 없다. 학원 스케줄이 워낙 빡빡한데다 학원에서 시키는 대로만 공부하면 되니까 자기 주도 학습 능력이 길러지지 않는 것이다.

초등 고학년도 자습 시간 30분 동안 계획을 세워 공부하라고 하면 제대로 할 줄 아는 아이가 드물다. 몇몇 아이들은 계획만 세우다가 자습 시간이 끝나버린다. 중고등학교를 가도 마찬가지다. 중간고사나 기말고사 등 중요한 시험이 닥쳤을 때 스스로 계획을 세워 그에 따라 공부하는 학생들은 거의 찾아보기 힘들다. 자기 주도 학습 능력이 부족하기 때문이다.

초등 2학년 때까지는 공부를 많이 해서 하나라도 더 아는 것이 결코 중요하지 않다. 공부하는 방법을 배우는 시기다. 이때 제대로 배워야 추후 공부를 꼭 해야만 하는 시기에 공부를 잘할 수 있게 된다. 그런데 스스로 어떻게 공부해야 하는지 요령조차 터득하지 못한 채 학원만 전전한다면 미래가 없는 것이나 다름없다. 영국의 철학자 버트런드 러셀(Bertrand

Russell)이 쓴 『게으름에 대한 찬양(In Praise of Idleness)』이란 책이 있다. 이 책에서 사람은 약간 게으를 때 창조적인 생각이 떠오르며, 빈둥빈둥할 때 상상력이 솟아올라 꿈을 꿀 수 있다고 이야기한다. 그러니 다람쥐 쳇바퀴 돌리듯 학원만 전전하는 아이에게 계획하고 실천하며 꿈꾸기를 기대하기란 거의 불가능에 가깝다.

● 선행한다고 먼저 가지 않는다 ●

선행 학습은 사교육을 통해 학교보다 짧게는 한 학기, 길게는 몇 년의 진도를 미리 배우는 것이다. 요즘은 선행 학습을 하나의 트렌드처럼 당연하게 생각해 지금 당장 하지 않으면 큰일이라도 날 것처럼 부모와 아이에게 불안감을 조장한다. 하지만 정작 부모가 잘 알지 못하는 중요한 사실이 있다. 선행 학습과 실력은 전혀 무관하며, 선행 학습이 생각보다 많은 문제점을 내포하고 있다는 것이다.

선행 학습은 기본적으로 아이의 발달 단계를 무시한 학습이다. 그렇기 때문에 지속적으로 선행 학습을 하다 보면 아이의 발달 수준과 학습 수준이 잘 맞지 않아 학습 장애를 불러일으킬 수도 있다. 이를 테면 수학을 극도로 싫어하는 아이가 될 수도 있다는 것이다. 학습이란 철저하게 아이의 발달 수준을 고려해야 한다. '선행 학습은 반드시 해야 한다'와 같은 신념은 빨리 버릴수록 좋다. 잘 서지도 못하는 어린아이에게 뛰라고 하는 어리석은 부모는 없을 것이다. 그런데 학습에서만큼은 이런 어처구니없는 일들이 발생하고 있다. 옆집 아이가 뛴다고 서지도 못하는 내 아이를 뛰게 해선 안 된다. 때가 되면 내 아이도 서고 걷고 뛰기 마련이다.

미리 뛰게 하려다 넘어지고 머리만 깨지는 것이다.

지나친 선행 학습은 수학의 원리를 이해하고 사고하면서 공부하는 습관을 방해한다. 그 대신 유형에 따른 문제 풀이 기술이나 공식에 지나치게 의존하는 공부 습관을 갖게끔 만든다. 이는 결과적으로 수학을 어려운 과목으로 인식하게 해 사고력 저하의 원인이 된다. 거듭 강조하지만 어린 아이일수록 문제만 주야장천 풀어대는 것은 가장 지양해야 할 수학 공부 방법이다. 하지만 현실에서 어린아이들은 선행 학습을 한답시고 문제집이나 학습지를 정말 열심히도 푼다. 안타깝지만 이런 방법으로는 수학에 대한 흥미 유발이나 사고력 발달은 고사하고 수학에 대한 반감만 증폭시킬 뿐이다.

선행 학습의 또 다른 문제점은 수업 시간에 굉장히 산만해진다는 것이다. 2학년 수학 시간에 교실을 둘러보면 유독 졸린 눈을 한 아이들이 많다. 활동 요소가 들어간 내용을 이야기할 때는 잠시 반짝하지만, 개념 원리만 설명하려고 하면 언제 그랬냐는 듯 곧바로 흥미를 잃는다. 이미 수업 내용을 다 배우고 앉아 있기 때문이다. 많은 부모들이 선행 학습을 한 다음, 같은 내용을 수업 시간에 한 번 더 들으면 아이가 수학을 훨씬 잘할 수 있을 거라고 생각한다. 하지만 이는 부모들의 희망사항일 뿐, 선행 학습을 한 아이들은 내용을 잘 알지도 못하면서 안다고 착각해 수업을 들으려고도 하지 않는다. 너무나 자연스럽게 산만해지고 친구들과 잡담을 나눈다. 이런 과정이 반복되다 보면 담임교사한테 소위 문제아로 낙인 찍히기까지 한다. 선행 학습은 미리 배웠다는 안도감으로 인해 수업에 대한 불안감은 좀 덜할지 모르지만 수업에 대한 집중력만큼은 현격히 떨어지게 한다는 사실을 꼭 기억해야 한다.

한 학기 이상 선행 학습을 한 아이는 수학의 개념 원리를 정확히 이해하지 못한 채 무조건적으로 내용을 받아들이게 된다. 그러면 아이의 수학 지식 체계는 바람직한 피라미드 구조가 아닌 기형적인 수직 구조가 되어버린다. 수학에서 응용 문제나 심화 문제를 잘 해결하려면 지식 체계가 피라미드 구조여야 한다. 수직 구조는 지식을 빨리 쌓을 수만 있을 뿐 튼튼하게 높이 쌓을 수 없어 응용 문제나 심화 문제에서 쉽게 무너지기 때문이다. 결국 지나친 선행 학습은 공부하느라 다른 사람들보다 몇 배 더 고생하지만 결과는 별로 다를 바가 없다. 초등 수학의 선행 학습은 방학만 잘 활용해도 충분하다. 방학 때마다 그다음 학기의 수학 교과서 및 수학 익힘책을 미리 준비해 예습하는 것이다. 특히 초등 저학년이라면 그 어떤 공부 방법보다 큰 효과를 볼 수 있다.

'공부는 머릿속을 채우는 게 아니라 머리를 회전시키는 것이다'라는 프랑스 격언이 있다. 선행 학습은 머리를 회전시키는 것이라기보다는 머릿속을 채우는 행위에 지나지 않는다. 그러니 초등학교 입학 전이나 1학년 때부터 학원을 보내며 선행 학습에 열을 올릴 필요가 없다. 초등 2학년때까지의 공부는 집에서 하는 것만으로도 충분하다. 일찍이 공자는 『논어』「위정편(爲政篇)」에서 다음과 같이 말했다.

子曰 學而不思則罔 思而不學則殆

(자왈 학이불사즉망 사이불학즉태)

공자께서 말씀하시길 "배우기만 하고 생각하지 않으면 막연하여 얻는 것이 없고, 생각만 하고 배우지 않으면 위태롭다."

'배우기만 하고 생각하지 않으면 막연하여 얻는 것이 없다'는 공자의 말은 학원을 전전하며 사교육에 의존하는 이 시대 아이들에게 어쩌면 꼭 들어맞는 말인지도 모르겠다. '조급하면 타고난 것마저 잃는다'고 했다. 부모의 조급함이 어느 순간 소중한 내 아이를 망칠 수도 있다는 사실을 꼭 기억해야 한다.

가장 오래가는 공부의 비밀

자기 주도 학습이란 '학습 목표를 설정하고 그 목표를 달성하기 위해 적절한 전략을 구상하고 실천한 다음, 목표 달성 여부를 평가하는 일련의 과정을 학습자 스스로 주도하고 관리하는 학습'을 일컫는다. 쉽게 말해 다른 사람이 시켜서가 아닌 스스로 공부하는 행위를 자기 주도 학습이라고 한다. '말을 물가까지 끌고 갈 수는 있어도 물을 마시게 할 수는 없다'는 말이 있다. 부모가 아무리 공부하기에 좋은 환경을 만들어주고 고액 과외를 시켜준들 아이가 주도적으로 하지 않으면 모든 일은 다 허사가 된다는 뜻이다.

필자는 한 학교에서 오랫동안 근무하다 보니 저학년 때 가르쳤던 아이들을 고학년 때 또 만나기도 한다. 그런데 가끔 몇몇 아이들이 저학년 때와는 확연히 달라진 모습을 보인다. 저학년 때는 공부를 별로 잘하지 못했는데 고학년이 되어 정말 잘하는 것이다. 이런 아이들은 모두 자기 주도 학습에 굉장히 능숙하다. 저학년 때부터 시험 점수에 일희일비하지 않고 꾸준히 자기 주도 학습을 훈련한 것이다. 그러므로 초등학교 2학년 때까지는 점수를 몇 점 받았느냐보다는 아이에게 알맞은 공부법을 찾아주고 공부하는 습관을 잡아주는 것이 가장 중요하다.

● 스스로 공부할 줄 아는 사람이 되어야 하는 이유 ●

아이가 학교에 다녀오더니 옷을 갈아입고 씻는다. 방에 들어가더니 알아서 숙제를 한다. 숙제를 마치더니 오늘 배운 내용을 다시 한 번 읽어보며 복습하고 내일 배울 내용까지 예습한다. 잠깐 쉬는가 싶더니 어느새 피아노 앞에 앉아서 레슨 받을 곡을 다섯 번 정도 연습한다. 그러고 나서 영어 듣기와 따라서 읽기를 각각 10분씩 한다. 영어 공부를 끝낸 아이는 이내 수학 문제집 두 장을 풀고 채점한 다음 틀린 문제를 다시 한 번 풀어본다. 공부를 다 했는지 도복으로 갈아입고 태권도장에 다녀오겠다며 인사를 하고 나간다. 모든 게 물 흐르듯 너무나 자연스럽다.

비현실적이라고 생각하겠지만 부모라면 누구나 내 아이가 이런 모습이기를 꿈꿀 것이다. 이렇게 아이의 하루가 알아서 척척 흘러가는 이유는 자기 주도 학습 능력 덕분이다. 자녀에게 자기 주도 학습 능력을 키워주면 잔소리 할 일이 없어진다. 스스로 움직이기 때문이다. 잔소리를 안 해도 되니 덩달아 자녀와의 관계도 좋아진다. 하지만 자기 주도 학습 능력을 키워주지 못하면 부모와 자녀의 관계에 금이 생긴다. 아이는 스스로 계획하고 실천하는 공부가 아닌 부모의 계획과 강요에 못 이겨 질질 끌려가는 공부를 하게 된다. 이렇게 공부를 하다 보면 시키는 부모와 반항하는 자녀가 매일매일 전쟁을 치를 수밖에 없다.

자기 주도 학습 능력은 아이를 그저 공부나 잘하게 만드는 것으로 끝나지 않는다. 요즘 같은 평생 학습 시대에는 자기 주도 학습 능력이 없으면 생존 자체를 위협받을 수 있다. 지금은 평생 배움의 시대다. 평생 배우지 않고 변하지 않으면 도태되는 시대인 것이다. 스스로 공부하고 판단해 적응할 줄 아는 능력이 결여된 사람은 모두 뒤처질 수밖에 없다. 예전처럼 시키는 것만 하는 수동적인 공부 방식으로는 더 이상 앞으로의 세상에 적응할 수 없다. '스스로 공부할 줄 아는 사람'이 되어야 한다. 그런 사람만이 살아남을 수 있다.

● 공부 습관, 10세 이전에 잡아라 ●

아이가 초등학교 2학년 때까지 부모들은 자기 주도 학습의 필요성을 크게 느끼지 못한다. 2학년 때까지는 공부할 분량이 많지 않기 때문이다. 2학년 때까지의 시험 결과는 평소 얼마나 철저하게 공부를 했느냐가 아닌 그 전날 얼마나 바짝 했느냐에 따라 많이 좌우된다. 이를 테면 받아쓰기나 수학 단원 평가 시험 등은 공부할 내용이 별로 많지 않아서 그 전날 어떻게 준비했느냐에 따라 점수가 달라진다. 엄마가 아이를 잘 틀어잡고 공부시키면 어렵지 않게 100점을 받을 수 있다. 이처럼 '반짝 효과'를 충분히 볼 수 있는 것이 초등학교 저학년 공부다. 그래서 자칫하면 반짝 효과의 함정에 빠질 수 있다. 반짝 효과는 아이가 공부를 열심히 해서 나타나는 것 같지만 실상은 엄마의 능력이 더 많이 개입된다. 엄마의 계획과 준비가 철저하면 철저할수록 반짝 효과를 거두기가 쉽다. 하지만 반짝 효과는 말 그대로 반짝 효과일 뿐이다. 아이의 진정한 실력으로는 연결되지 않는다.

매일 책을 한 권씩 읽는 아이와 그렇지 않은 아이가 있는데, 두 아이가 받아쓰기 시험을 본다고 가정해보자. 매일 책을 한 권씩 읽는 아이가 시험 전날 제대로 준비를 못해서 60점을 받았다. 반면 그렇지 않은 아이는 시험 전날 엄마가 열심히 준비를 시켜서 100점을 받았다. 이 경우 전후 사정을 모르는 사람들은 100점 받은 아이가 더 잘했다고 생각한다. 하지만 그렇지 않다. 장기적으로 보면 60점 받은 아이가 100점 받은 아이보다 더 발전 가능성이 높다.

반짝 효과는 당연히 오래가지 못한다. 고학년이 되면 더 이상 반짝 효과는 통하지 않는다. 공부할 분량이 폭발적으로 늘어나기 때문이다. 중고등학교로 가면 더 말할 것도 없다. 결국 이때 공부 잘하는 아이들은 평소 공부하는 모습이 시험 결과로 나타날 것이다. 더 이상 엄마의 잔소리와 강압으로 얻어내던 반짝 효과는 기대할 수 없다. 대부분의 부모들은 자녀가 10세가 넘어서도 부모의 말을 잘 들을 것이라고 생각한다. 그러나 그렇지 않다. 아이가 부모의 말을 잘 듣는 건 10세 이전이다. 10세가 넘었는데도 부모가 하라는 대로 하는 아이는 거의 없다. 그렇기 때문에 중요한 것일수록 10세 이전에 가르쳐줘야 한다. 공부 습관도 당연히 10세 이전에 잡아줘야 한다. 어릴 때부터 제대로 된 공부 습관이 몸에 배면 학년이 올라갈수록 편해진다. 하지만 완벽하게 습관을 들이기까지 부모의 수고와 인내가 요구된다는 사실을 꼭 기억해야 할 것이다.

•자기 주도 학습 능력을 키우는 방법•

자녀의 학습에 있어 많은 부모들이 범하는 오류 가운데 하나가 무조건 공부를 열심히 하라고 채근하는 것이다. 구체적인 방법, 즉 '어떻게'는 이야기해주지 않고 무조건 '열심히'만 하라고 하는 것이다. 이 경우 아이는 부모가 오직 결과만을 중시한다고 오해하기 쉽다. 처음부터 책상에 앉아서 공부만 하라고 다그친다면 과연 공부를 잘할 수 있을까? 공부도 자전거 타기처럼 연습하고 훈련해야 잘할 수 있는 일종의 기술이다. 공부를 잘하기 위해서는 공부하는 기술을 끊임없이 연마해야 하는 것이다. 체계적인 공부 연습이 전혀 이뤄지지 않은 아이에게 책상에 앉아서 공부하라고 하는 건 자전거를 처음 본 아이에게 자전거를 타고 동네 한 바퀴 돌라고 하는 것과 같다.

자기 주도 학습 능력을 키우는 방법은 헬스클럽에서 운동하는 것을 떠올리면 쉽게 이해할 수 있다. 처음 헬스클럽에 가면 딱히 특별한 운동을 시키지 않는다. 거의 모든 사람에게 러닝머신에서 걷기부터 하라고 한다. 짧게는 30분부터 길게는 1시간까지 그저 걸으라고만 한다. 그렇다면 많은 사람들이 지겨워하는 이 과정을 왜 시키는 것일까? 기초 체력 향상을 위해서다. 기초 체력 없이 근육 운동을 하게 되면 몸에 탈이 날 확률이 높아지기 때문이다. 자기 주도 학습 능력도 마찬가지다. 처음부터 복잡하거나 어려운 것을 시키는 건 금물이다. 초등학교 2학년 때까지는 자기 주도 학습 능력을 맛보게 하고 서서히 몸에 익히는 걸 목표로 삼으면 마음이 편하다.

자기 주도 학습의 첫걸음은 책상에 앉아 있는 훈련이다. 초등학교 2학년이라면 최소 20분은 책상에 앉아 있을 수 있어야 한다. 조금 더 욕심을 부려 초등학교 수업 시간인 40분을 앉아 있을 수 있다면 더할 나위 없이 좋다. 이 정도의 아이라면 자기 주도 학습을 할 준비가 어느 정도 갖춰져 있다고 볼 수 있다.

다음 단계는 학습 계획을 세우는 것이다. 매시간, 하루, 일주일 단위로 일정을 나눠 무엇을 얼마만큼 공부할 것인지 계획하면 된다. 초등학교 2학년 아이라면 일주일을 기준으로 계획을 세우면 좋다. 그리고 매일매일 아이가 해야 할 일을 구체적으로 적어 다음과 같이 계획표를 만들어 책상 앞에 붙여두면 금상첨화다.

	영역	목표량	월/8	화/9	수/10	목/11	금/12	토/13
1	예습 및 복습	교과서 읽고 읽은 책은 동그라미 치기	국어	국어	통합	국어	통합	
			수학	국어	통합	수학	창체*	
			통합	수학	수학	통합	국어	
			통합	통합	국어	창체	통합	
			통합	통합	국어	국어	통합	
2	숙제	학교에서 내준 것 하기						
3	문제집	수학 2쪽 풀기						
		국어 2쪽 풀기						
4	영어	20분 듣기						
		단어 5개 외우기						
5	독서	그림책 2권 읽기						
6	피아노	레슨 곡 2번씩 치기						

* 창체 : '창의적 체험 활동'의 준말

계획표를 만들 때는 반드시 아이와 함께하고 아이의 의견을 존중해야 한다. 부모가 계획을 다 짜놓고 너는 실천하라는 식의 방법은 자기 주도 학습 능력의 향상과는 전혀 무관하다. 계획도 자꾸 세워봐야 그 실력이 는다.

그리고 무리한 계획을 세우지 않도록 꼭 주의해야 한다. 처음에는 아이가 해야 할 일의 가짓수를 서너 개 정도로 최소화하는 편이 바람직하며, 익숙해질 때마다 하나씩 늘려 가면 된다. 초등학교 2학년 아이의 경우 하루에 해야 할 일이 가급적 5가지를 넘지 않도록 한다.

또한 공부 시간보다는 학습량을 기준으로 계획을 세우는 것이 좋다. 많은 아이들이 4시~5시 수학 공부, 5시~6시 영어 공부 등 시간 단위로 끊어 계획을 세운다. 하지만 이럴 경우 집중력을 발휘하기 힘들고 시간 때우기 식으로 공부를 할 확률이 높아진다. 그러므로 앞의 계획표처럼 하루 학습량을 정하고 그것을 다하면 자유 시간을 주는 편이 훨씬 효과적이다. 특히 목표 중심의 성향이 강한 남자아이들에게는 이 원칙을 철칙처럼 지키는 것이 바람직하다.

아이와 협의를 거쳐 계획을 세웠다면 절반은 성공한 셈이다. 남은 것은 실천이다. 사실 이런 계획은 어느 날 마음만 먹으면 별로 어렵지 않게 세울 수 있다. 하지만 실천은 차원이 다르다. 매일매일 실천을 하는 것은 아이뿐만 아니라 부모에게도 부단한 노력과 인내가 필요한 일이다. 완벽하게 실천한 것은 계획표에 ◯와 같은 완료 표시를 한 다음, 잠자리에 들기 전 그날그날 부모와 아이가 함께 확인을 하면 좋다. 이러한 과정을 통해 못한 것은 왜 못했는지 살펴봐야 한다. 그저 게으름 때문인지, 특별한 일이 있었는지, 혹은 할 일이 너무 많은지 등을 살펴서 원인에 따라 대처를 하는 것이 중요하다. 이때 부모는 가급적 예외를 인정하지 않아야 한다. 이런저런 핑계를 대다 보면 일주일에 단 하루도 온전히 실천할 수 없기 때문이다. 그러면 자기 주도 학습 능력이 제대로 형성되기 어려워진다.

계획을 실천하다 보면 어떤 주는 아주 엉망이 될 수도 있다. 그래도 포기하지 말아야 한다. 부모의 태도가 성패를 좌우한다. 비난의 언어가 입 밖으로 튀어나오는 것을 참고 다시 시작해보자는 격려의 말을 해야 한다. 새로운 계획표를 붙이고 새로운 마음을 다지면서 다시 일주일을 시작하면 되는 것이다. 사전에 계획을 실천하는 정도에 따라 적절한 보상을 하는 것도 아이를 격려하는 좋은 방법이 될 수 있다. 100% 실천했을 때, 90% 이상일 때 각각에 대한 보상과 반대로 80% 이하로 실천했을 때 받아야 하는 벌칙을 미리 약속하면 아이는 좀 더 강한 실천력을 발휘할 수 있다.

● 30분 루틴으로 자기 주도 학습 능력 키워주기 ●

어떤 일을 하기 위해 반복적이고 습관적으로 하는 행동을 일러 '루틴(routine)'이라고 한다. 공부를 잘하는 아이들은 공부 잘하게 만드는 나만의 루틴을 한두 가지 정도는 꼭 가지고 있다. 아이에게 공부를 잘할 수 있는 좋은 루틴을 한두 가지 정도만 확실하게 장착시켜줄 수 있다면 공부는 정말 쉬워진다.

루틴으로 장착시켜주기 위해서는 시간이 길면 곤란하다. 아이 입장에서 좀 만만해 보여야 한다. 초등생들에게는 30분 루틴이 적당하다. 저학년들에게는 조금 버거운 시간이 될 수 있지만 고학년 때는 습관만 된다면 어렵지 않게 매일 실천할 수 있는 시간이다.

필자는 초등학교 때 가장 중요한 공부 습관으로 2가지를 꼽는다. 책읽기와 수학이다. 이 두 가지를 초등학교 때 확실히 잡을 수 있으면 중고등학교 때 공부가 정말 쉬워진다. 이 두 가지를 초등학교 때 꽉 잡아주기 위해 30분 루틴으로 매일 실천하면 좋다.

먼저 책읽기 30분 루틴이다. 책읽기를 시작할 때 5분 정도 큰 소리 읽기를 한다. 소리 내어 읽는 것은 집중력에도 도움이 되고 눈으로만 읽는 것보다 학습 효과도 훨씬 좋다. 초등학생들에게 가장 좋은 읽기 방법이다. 이어 20분은 눈으로 책을 읽고 나머지 5분은 오늘 내가 읽은 부분에 대해 한 줄 소감을 써보는 것이다. 한 문장이라도 써보는 것과 그렇지 않은 것은 많은 차이가 있다. 생각 없이 말할 수는 있어도 생각없이 쓸 수는 없다. 한 줄이라도 써보면서 자신이 읽은 내용을 다시 생각하게 된다. 사고력과 글쓰기 능력에 매우 큰 도움이 된다.

다음은 수학 30분 루틴이다. 수학 공부를 시작할 때 전반부 5분은 연산 훈련을 한다. 시중에 연산 훈련 교재가 많이 있다. 적합한 연산 교재를 선택해서 5분 정도 연산 훈련을 하면 연산력 향상뿐만 아니라 무엇보다 뇌가 활성화되기 때문에 수학 공부를 효과적으로 할 수 있다. 20분 동안 아이 능력에 따라 문제집을 한 장 또는 두 장 정도를 푼다. 마지막 5분은 그날 푼 수학 문제집을 채점하고 틀린 것을 다시 풀어 본다. 수학은 틀린 문제를 또 틀리기 때문에 반드시 채점하고 틀린 문제를 또 풀어봐야 한다.

책읽기 30분, 수학 30분 루틴이 별거 아니라고 생각할지 모른다. 하지만 이것을 매일 하다 보면 고학년이 되었을 때, 아마 공부를 썩 잘하는 우등생이 되어 있을 것이다. 누구보다 자기 주도 학습을 잘하는 아이가 될 것이다.

좋은 부모란 아이에게 좋은 루틴을 만들어주고 그것을 꾸준하게 실천할 수 있도록 도와주는 부모이다. 하지만 나쁜 부모는 좋은 루틴을 만들어주지도 않고 또는 만들어주었다고 해도 꾸준히 실천할 수 있도록 도와주지 않는 부모이다.

노는 힘이 곧 공부하는 힘이다

초등학교 1학년부터 6학년까지 모든 아이들에게 가장 큰 사랑을 받는 과목이 있는데, 바로 '체육'이다. 비가 내려 운동장에서 체육 수업을 못 하는 날은 아침부터 아이들한테 원성을 들을 각오를 해야 한다. 어쩔 수 없이 체육 시간을 빼먹기라도 하면 꼭 소급해서라도 그 시간을 채워줘야 인기 있는 교사가 된다. 그렇다면 아이들은 왜 이렇게 체육을 좋아하는 것일까? 기본적으로 몸을 움직이는 것을 좋아하기 때문이다. 아이들은 몸을 움직이지 않으면 마치 생존의 위협을 받는 존재인 양 끊임없이 몸을 움직여댄다. 이런 아이들에게 가장 큰 벌은 움직이지 말고 가만히 있으라는 것이다. 아이들은 떠들지 말라는 말보다 꼼지락거리지 말라는 말을 더 지키기 어려워한다.

필자는 교사가 되고 나서야 놀이의 진정한 가치를 알게 되었다. 아이들에게 놀이란 그 자체가 공부이자 인생이다. '아이들은 놀면서 큰다'는 말을 이렇게 바꾸고 싶다. '아이들은 놀지 않으면 바보가 된다'. 또 아이들에게 놀이란 마치 밥과도 같다. 사람이 일정량 이상의 밥을 먹어야 살 수 있듯이 아이들은 일정량 이상을 놀아야 살 수 있는 존재다. 놀지 않는 아이는 건강하게 자라기 어려울 뿐만 아니라 대인 관계, 의사소통 기술, 집중력 등 능력 발달에 적신호가 켜진다. 하지만 안타깝게도 지금은 공부에 밀려 놀이의 중요성이 많이 간과되고 있다. 놀이의 중요성을 깨닫고 자녀에게 제대로 놀 기회를 많이 제공해주는 것이 진정한 교육의 출발임을 잊지 말아야 한다.

● 잘 노는 아이가 공부도 잘한다 ●

아이들을 지도하다 보면 조작 능력과 관련해 기가 막힌 상황이 많이 발생한다. 연필을 깎지 못하는 아이, 칼질과 가위질을 제대로 못하는 아이, 자를 대고도 선을 똑바로 긋지 못하는 아이, 풀칠을 하고도 종이를 붙이지 못하는 아이, 운동화 끈을 묶지 못하는 아이, 지퍼를 채우지 못하는 아이……. 이렇게 간단한 조작 능력조차 떨어지는 아이들이 많아도 너무 많다. 아이들의 지적 수준은 점점 올라가는데 조작 수준은 점점 떨어지는 것이다. 왜 그럴까? 생각보다 이유는 간단하다. 아이들이 놀지 않기 때문이다.

놀이에 반드시 수반되는 것이 바로 조작 활동이다. 예를 들어 딱지치기를 하려면 딱지가 있어야 한다. 딱지를 만들려면 종이를 마름질해야 한다. 이를 위해서는 종이를 반듯하게 접어야 하고 칼질을 할 줄 알아야 한다. 하지만 요즘 아이들은 딱지치기를 하지 못한다. 딱지를 만들 줄 모르기 때문이다. 칼질을 제대로 할 줄 아는 아이가 반에서 손으로 꼽을 정도다. 언젠가 한번은 2학년 아이들에게 칼질을 가르치다가 뒷목을 잡고 쓰러질 뻔했다. 먼저 칼질을 보여준 다음 그대로 따라서 하라고 했는데 종이가 안 잘린다는 아이들이 절반 이상이었다. 칼날이 아닌 칼등으로 종이를 자르고 있었던 것이다. 사정이 이렇다 보니 딱지치기를 하고 싶은 아이들은 문방구에서 딱지를 사서 한다. 직접 만들지 않으니 조작 능력이 길러질 리 만무하고, 자기 딱지라는 애착 또한 형성되지 않는다.

제대로 놀지 않는 아이들은 조작 능력이 떨어질 수밖에 없다. 조작 능력이 우수하다는 것은 단순히 손재주가 좋다는 것 그 이상이다. 두뇌가 그만큼 발달했다는 의미다. 모든 놀이 속에는 조작 활동이 많은 부분을 차지하며, 이는 두뇌 발달에 가장 좋은 특효약이나 다름없다. 그렇기 때문에 잘 노는 아이가 공부도 잘한다는 말이 어느 정도 근거가 있는 셈이다.

● 놀이 속에는 공부에 필요한 능력이 숨겨져 있다 ●

공부를 하는 데 가장 필요한 능력 중 하나가 바로 집중력이다. 수업 시간에 집중하는 아이치고 공부를 못하는 아이는 없다. 놀이도 공부와 똑같다. 집중력이 없으면 놀이도 전혀 할 수 없다. 물론 누군가는 노는 데 무슨 집중력이냐고 반문할지도 모른다. 하지만 노는 데도 수학 문제를 풀 때만큼이나 집중력이 필요하다. 어떤 놀이든지 집중력은 필수다.

모든 놀이에는 저마다 규칙이 있다. 규칙은 놀이의 재미를 배가시킨다. 승패가 있는 놀이에서 이기려면 상대가 제대로 하는지, 반칙을 하지 않는지 유심히 관찰해야 한다. 예를 들어 고무줄놀이를 한다고 해보자.

상대가 고무줄을 밟아야 할 때 제대로 밟는지, 밟지 않아야 할 때 밟지는 않는지, 순서는 제대로 지키면서 하는지 등 많은 규칙을 생각하면서 응시해야 한다. 바로 이런 과정을 거치면서 아이에게 놀라운 집중력이 생긴다. 그리고 이러한 집중력은 공부할 때도 십분 발휘된다. 놀 때 집중하지 못하는 아이들은 공부할 때도 집중하지 못한다.

그뿐만 아니라 놀이는 문제 해결을 위한 전략적 사고도 가능하게 한다. 전략적 사고란 어떤 문제를 해결하기 위해 나름의 계획을 세우고 실행하기까지의 과정을 뜻하며, 만약 자신이 세운 계획에 따라 문제가 해결되지 않는다면 반성적 사고를 거쳐 계획을 수정해 다시 실행한다. 전략적 사고는 고도의 사고 등급으로, 이는 어려운 수학 문제를 풀거나 사회 조사 학습 등을 하면서 길러지기도 하지만 놀이를 통해서도 얼마든지 형성될 수 있다. 조금 과장해서 표현하면 승패가 있는 놀이에서 전략적 사고를 하지 않으면 매번 질 수밖에 없다.

아이들에게 '비사치기'라는 놀이를 가르치다 보면 웃지 못할 상황이 많이 발생한다. 상대의 돌을 쓰러뜨리기 위해서는 자신의 돌에 얼마만큼의 힘을 실어 어떤 각도로 던질 것인지 생각하면서 던져야 한다. 만약 쓰러뜨리지 못했다면 무엇이 잘못되었는지 반성적 사고를 통해 행동을 수정해야 한다. 그래야 다음 판에 상대의 돌을 쓰러뜨릴 수 있다. 하지만 전략적 사고를 하지 못하는 아이는 처음부터 끝까지 아무 생각 없이 내팽개치듯이 돌을 던진다. 많이 놀아보지 않은 아이의 전형적인 특징이다. 거듭 강조하지만 아이들은 놀면서 자신도 모르는 사이에 전략적 사고를 배우고 실천해나간다. 그리고 이러한 전략적 사고는 공부할 때 유감없이 발휘된다.

• 어른들은 모르는 놀이의 힘 •

아이들에게 놀이를 시켜보면 사회성이 금세 드러난다. 놀이가 지속되려면 끊임없는 대화가 필요하고 상대에 대한 공감과 배려가 수반되어야 하기 때문이다. 그래서 사회성이 낮은 아이들은 대화 능력이 떨어질 뿐만 아니라 공감 능력이나 배려심이 별로 없기 때문에 놀이에서 방해꾼이 되거나 소외자로 전락하기 쉽다. 이처럼 놀이와 사회성은 매우 밀접한 관련이 있다.

놀이는 끊임없는 대화를 필요로 한다. 놀이를 하면 규칙을 정할 때, 규칙을 어겼을 때, 작전 시간을 정해야 할 때 등 수없이 많은 상황들이 발생하는데, 이때마다 대화를 통해 타협을 해야 한다. 이 과정에서 자연스럽게 터득하는 것이 바로 의사소통 능력이다. 상대의 기분을 상하지 않게 하면서 말할 수 있는 방법을 배우기도 하고, 자기주장만 해서는 안 된다는 사실을 깨닫기도 한다. 그리고 규칙을 정할 때 경청하지 않으면 자신에게 큰 손해가 온다는 것을 경험하기도 한다.

친구 관계가 원만하지 않고 집중력이 떨어지는 아이들이 간혹 '놀이치료'를 받고 한결 좋아지는 모습을 보게 된다. 아이들이 놀이를 통해 자신을 돌아보고, 상대에 대한 배려를 배운 결과라고 할 수 있다. 내 아이가 혹시 사회성과 집중력이 떨어진다면 충분한 놀이 시간을 주고 있는지 가장 먼저 점검해봐야 할 것이다.

어른들의 눈에는 아이들의 놀이가 별것 아닌 것처럼 보일 수도 있겠지만 아이들의 놀이 속에는 어른들이 미처 알지 못하는 수많은 비밀이 내재되어 있다. 놀이는 아이들만의 특권이다. 아이들이 이러한 특권을 누리지 못한다면 지금 당장뿐만 아니라 먼 미래까지 수많은 문제를 야기할 수 있다. 아이가 1학년 때까지는 비교적 많은 부모들이 자유롭게 놀 시간을 주다가도 2학년부터는 마음이 조급해져서 그 시간을 학원으로 채운다. 어른들이 흔히 '밥심(밥의 힘)으로 산다'는 말을 하는데, 아이들한테는 이를 '노는 힘으로 산다'로 바꿀 수 있다. 아이들에게는 놀이가 밥만큼 중요하기 때문이다. 그러니 2학년이 되었다고 놀이 시간을 줄일 게 아니라, 충분히 놀면서 사고력과 집중력을 키워 공부의 효율성을 높일 생각을 해야 한다.

• 그냥 놀게 하라 •

"선생님 놀아주세요."

학교 현장에서 이런 말들을 자주 듣곤 한다. 너희들끼리 놀라고 하면 재미없다고 하기도 하고 뭘 하면서 놀아야 될지 모른다고도 한다. 우리 아이들은 놀이의 능력을 상실한 듯하다. 놀이는 아이들의 특권인데 왜 이렇게 되었을까? 놀이를 아이들로부터 빼앗았기 때문이다. 아이들이 마냥 노는 것을 즐겁게 기쁘게 바라보지 못하는 시대에 살고 있다. 마냥 놀게 내버려두어서는 내 아이는 경쟁에서 밀리고 그냥 도태될 것 같은 부모의 조급함이 아이를 놀이 대신 학습으로 내몰고 있는 것이 현실이다.

독일의 유치원에서 유치원생들의 하루 일과를 보고 깜짝 놀란 적이 있다. 독일 유치원에서는 아침에 등원하면 서로 인사하고 노래를 부르는 활동(Morgenkreis)을 잠시 가진 후에 자유롭게 노는 시간(Freispielen)

을 가진다. 날씨가 좋은 날에는 무조건 유치원 마당에 나가 놀고 숲에도 간다. 이 시간에 별도로 정해진 수업 같은 것은 없다. 마음껏 뛰어 놀면서 창의력, 의사소통 능력, 비판적 사고, 협업 능력 등이 키워진다고 확신하기에 아이의 놀이 시간 대신 글을 배우거나 수학 공부를 시키지 않는다. 놀이로 위장된 학습도 시키지 않는다. 아이들이 하고 싶은 놀이를 마음껏 할 수 있도록 해준다. 그야말로 진짜 노는 것이다. 아마 우리나라에서 이런 식으로 운영을 하는 유치원이 있다면 학부모 원성에 시달리다 문을 닫아야 할지도 모른다.

아이의 스케줄 관리를 할 때 어떤 학원을 보낼까만 고민하지 않기를 바란다. 아이의 놀이 시간에도 관심을 가져주길 바란다. 특히 초등 저학년 아이들은 마음껏 놀아야 한다. 아이 스케줄 중에 한두 시간도 놀이 시간이 없다면 당장에라도 놀이 시간을 넣어주기 바란다. 놀이 시간은 아이들에게 숨구멍과도 같다. 숨구멍이 막힌 생활은 숨 막히고 숨 막히는 삶은 오래가지 못한다.

8 균형의 법칙

좌뇌와 우뇌의 고른 발달에 필요한 것

20여 년 전만 해도 생소했던 뇌와 관련된 이야기는 이제 일반인에게도 잘 알려진 흔한 이야기가 되었다. 그중에서도 좌뇌와 우뇌는 절대 빼놓을 수 없는 중요한 소재다. 뇌 과학에 의하면 어느 쪽 뇌의 발달이 우세하냐에 따라 사람은 크게 좌뇌형 인간과 우뇌형 인간으로 나뉜다고 한다. 심지어 좌뇌형 인간과 우뇌형 인간을 간단하게 판별할 수 있는 방법까지 나와 있을 정도다. 두 손을 모아 깍지를 꼈을 때 오른손 엄지가 위로 가는 사람은 좌뇌형 인간, 왼손 엄지가 위로 가는 사람은 우뇌형 인간이라고 한다. 우뇌는 주로 소리, 색깔, 직감력 등을 담당해 일명 '이미지 뇌'라고 불리며, 우뇌가 발달한 사람은 예술과 공간 지각 능력 등이 뛰어나다고 알려져 있다. 이에 반해 좌뇌는 언어, 논리, 수 등을 담당해 일명 '언어 뇌'라 불리며, 좌뇌가 발달한 사람은 언어 사용 능력이 뛰어나다고 알려져 있다.

언젠가 미래에는 창의성과 감수성이 탁월한 우뇌형 인간이 성공할 수 있다고 해서 한때 우뇌 개발법이 유행하기도 했었다. 하지만 세월이 흘러 뇌에 대해 보다 심층적인 연구가 이뤄지면서 '좌뇌와 우뇌는 구조적으로나 기능적으로 별 차이가 없다'는 사실이 밝혀졌다. 2013년 10월 미국 유타대학교의 신경 과학 전문가 제프 앤더슨(Jeff Anderson) 박사 연구팀은 7세부터 29세까지 1,011명을 대상으로 좌뇌와 우뇌의 기능적 · 개인적 차이에 대해 조사해 발표했다. 그 결과 개인의 좌뇌 또는 우뇌 네트워크에서 결합량이나 사용량의 편중은 찾아볼 수 없었다. 한편 중국 화둥사범대학교에서는 알버트 아인슈타인(Albert Einstein)의 뇌를 연구한 결과를 발표했다. 그들은 아인슈타인의 뇌가 특별했던 건 좌뇌와 우뇌가 다른 사람들에 비해 강하게 연결돼 있었기 때문이라고 밝혔다. 좌뇌와 우뇌를 연결하는 건 '뇌량'이라는 신경 섬유 다발인데, 아인슈타인의 뇌는 뇌량이 다른 사람들에 비해 두껍다는 것이다.

이와 같이 요즘은 예전처럼 좌뇌와 우뇌를 독립적으로 분리해서 생각하지 않고 서로 보완하고 소통하는 관계로 본다. 그렇기 때문에 어느 한쪽 뇌에 치우친 활동보다는 좌뇌와 우뇌를 동시에 자극할 수 있는 전뇌적인 활동이 아이의 뇌 발달에 훨씬 바람직하다. 전뇌적인 활동을 많이 한다면 뇌량이 두꺼워져 좌뇌와 우뇌가 고르게 발달하는 아이로 키울 수 있다.

● 우뇌만 자극하는 아이들 ●

과연 보통 아이들은 좌뇌와 우뇌를 고르게 발달시키고 있을까? 요즘 세태를 보면 안타깝게도 전혀 그렇지 않다. 둘 중에서 우뇌를 훨씬 많이 쓴다. 스마트폰이나 컴퓨터, 텔레비전과 같은 영상 매체의 영향 때문이다. 영상 매체에 노출되는 시간이 늘어나면서 우뇌만 발달하고 상대적으로 좌뇌는 점점 기능이 위축되고 있다.

아이들은 공부 스트레스를 해소하기 위해 스마트폰이나 컴퓨터 게임, 텔레비전 시청 등에 빠져든다. 하지만 이는 하나같이 이미지 뇌 혹은 직감 뇌라고 불리는 우뇌만 자극하는 활동이다. 우뇌만 자극하다 보면 당연히 좌뇌 발달이 더뎌지며, 아이가 단순하고 감각적으로 변하기 쉽다. 게다가 언어 사용 능력이 떨어지기 때문에 대답이 짧아지거나 말의 앞뒤가 맞지 않게 된다. 그래서 "몰라요", "그냥요"와 같은 말을 즐겨 쓴다.

사실 공부는 좌뇌가 발달한 사람에게 여러모로 유리하다. 여기서 공부란 책을 읽고 이해하는 활동을 뜻한다. 따라서 공부를 잘하기 위해서는 어휘력이 풍부해야 하고 논리력이 바탕이 되어야 한다. 하지만 좌뇌 발달이 잘 이뤄지지 않은 아이들은 책을 읽어도 무슨 말인지 머릿속에 들어오지 않으니 책을 좋아할 리 없다. 선생님 말씀은 마치 자막 없는 외국 영화처럼 들린다. 책을 읽어도 무슨 말인지 모르겠고, 선생님 말씀 또한 이해할 수 없으니 공부는 애당초 물 건너간 셈이다.

무엇이든지 한쪽으로만 편중되는 것은 좋지 않다. 뇌 발달도 마찬가지다. 한쪽 뇌만 자극해 발달시키는 건 별로 바람직하지 않다. 아이에게 좌뇌와 우뇌를 고루 발달시킬 수 있는 활동을 권해야 한다. 그래야 좌뇌와 우뇌가 균형 잡힌 아이로 키울 수 있다.

● 좌뇌와 우뇌를 고루 발달시키는 한자 ●

2학년 아이들에게 『만년샤쓰』라는 책을 읽은 다음 모르는 단어에 대해 모둠별로 서로 묻고 답해주라고 했다. 한 아이가 모르는 단어를 모둠 친구들에게 물었다.

"생물 시간이 무슨 말이야?"

아무도 대답하지 못하는 와중에 갑자기 한 아이가 나섰다.

"식물에게 물 주는 시간 아니야?"

친구들이 이유를 묻자 아이는 이렇게 답했다.

"살 생(生), 식물 물(物). 생물은 식물을 살리는 거니까 생물 시간은 식물에게 물 주는 시간이지."

"아, 그렇구나."

이 장면을 보면서 얼마나 웃었는지 모른다. 터무니없는 단어 해석이었지만 나름 기특하기도 했다. 짧은 한자 실력이라도 동원해 단어의 뜻을 알아내려고 유추하는 모습이 말 그대로 2학년다웠다.

한자를 얼마나 아느냐 모르느냐에 따라 우리말의 이해도가 확연히 달라진다. 우리말은 전체 어휘의 70% 이상이 한자어로 되어 있기 때문이다. 그뿐만 아니라 한자를 알면 생각하면서 글을 읽는 좋은 습관이 형성될 수 있다. 예를 들어 '간식(間食)'이라는 단어를 읽을 때 '식사와 식사 중간에 먹는 음식'이라는 뜻을 생각하게 된다. 한자는 뜻글자이기 때문이다. 이렇게 뜻을 생각하면서 글을 읽는 습관이 길러지면 자연스럽게 글을 정독해 행간을 잘 파악할 수 있게 된다. 바로 이런 습관과 능력이 학습의 비약적인 발전을 가져오는 것이다.

이처럼 좋은 점이 많은데도 불구하고 오래전부터 초등학교에서는 한글 전용과 한자 병행을 놓고 첨예하게 대립하고 있다. 각각의 주장은 모두 일리 있지만, 뇌 과학적인 측면에서 따져볼 때 한자 병행이 조금 더 설득력이 있다. 한글은 좌뇌만 주로 자극하지만 한자는 좌뇌와 우뇌를 동시에 자극하기 때문이다. 한글과 영어는 소리 나는 대로 읽는 '소리글자(표음 문자)'다. 소리글자는 주로 언어 뇌, 즉 좌뇌에서 처리한다. 반면 한자는 사물의 모양을 그대로 본떠서 만든 '뜻글자(표의 문자)'다. 뜻글자는 우뇌에서 전체적인 이미지를 처리하고, 좌뇌에서 복잡하고 논리적인 의미 부분을 처리한다. 좌뇌와 우뇌를 동시에 자극하는 것이다.

따라서 한자를 배우면 좌뇌와 우뇌를 동시에 발달시킬 수 있다. 다만 한자가 아무리 좋다고 해도 너무 일찍부터 접하게 하는 건 뇌 과학적으로도 맞지 않다. 좌뇌와 우뇌의 발달 시기가 다르기 때문이다. 우뇌는 0~6세 사이에 활발히 발달하다가 6세가 지나면서 거의 멈추는 데 반해, 좌뇌는 3세 무렵에 시작해 7세 이후부터 본격적으로 발달하기 때문이다. 한자를 배우는 데는 좌뇌와 우뇌의 협응 과정이 필요하다. 그러므로 좌뇌가 본격적으로 발달하기 시작하는 7세부터가 한자 교육의 가장 적절한 시기라고 할 수 있다. 초등 2학년 때까지의 한자 교육은 단순히 한자 몇 개를 아는 것에서 끝나지 않는다. 이는 좌뇌와 우뇌를 동시에 자극해 뇌 발달을 촉진시키는 기폭제가 될 수 있다.

• 한자를 잘 익히는 방법 •

한자의 중요성이 부각되면서 초등학생들 가운데 한자급수시험에 응시하는 경우가 점점 늘어나고 있다. 한자급수시험을 통해 필수 한자를 외우고 목표를 정해 공부한다는 측면에서 많은 도움을 받을 수 있다. 특히 승부욕이 강한 남학생들에게는 효과적인 경우가 많다. 하지만 한자급수시험을 통해 한자를 배우다 보면 어쩔 수 없이 낱자를 익히는 공부가 된다. 한자 낱자의 음과 뜻을 익히고 간단한 낱말 정도를 배우는 식이다. 하지만 한자는 낱자로 공부하는 것보다는 한문을 통해 배우는 것이 훨씬 좋다. 한자의 쓰임새를 좀 더 분명히 알 수 있을 뿐만 아니라, 한문으로 쓰인 명문장을 접하면서 배우기 때문에 가치관이나 인성에 큰 도움이 된다.

한자를 낱자로 외우는 경우는 영어를 공부할 때 단어만 외우면서 공부하는 것과 비슷하다. 하지만 영어 단어가 문맥에 따라 얼마든지 다른 의미로 쓰이기 때문에 영어 단어는 문맥을 통해 익혀야 제대로 공부할 수 있다. 한자도 마찬가지이다. 한자를 낱자로 무조건 외우면 문맥에서 조금만 다른 의미로 쓰일 때 해석이 어려워진다. 처음부터 한자를 낱자가 아닌 문장이나 구절 중심으로 배우는 것이 더 재미있고 효과적인 공부법이라 할 수 있다.

예를 들어 아이들에게 '말 물(勿)'이라는 한자를 가르치면 무슨 말인지 이해를 못한다. 어떤 아이는 '말이 물을 먹는다는 말이에요?'라고 질문하는 아이들도 있다. 하지만 이 한자를 『사자소학』 구절을 통해 가르치면 금세 이해를 한다. '父母責之 反省勿怨(부모책지 반성물원), 부모님이 나를 꾸짖으시거든 반성하고 원망하지 말라'라는 구절을 보면 '말 물(勿)'이라는 한자는 '~하지 말라'라는 의미인 것을 알게 된다. 이처럼 문맥이나 구절을 통해 한자를 익혀 가면 기억하기 쉽다.

이런 측면에서 『사자소학』이나 『명심보감』은 아이의 한자를 익히는 데 도움이 될 뿐 아니라 한문 공부를 하는 데 제격이다. 『사자소학』이나 『명심보감』에 나오는 한자는 수준이 그렇게 높지 않기 때문에 한자를 조금만 알아도 한문 원문으로 공부하는 데 큰 어려움이 없다. 조선시대에도 10세가 채 안 된 아이들이 배우는 필수 교재였다. 어렵지 않고 생각을 많이 하게 하는 내용이고 실천을 해야 하는 구절들도 가득하다. 특히 요즘 아이들은 제대로 된 가정교육을 받을 기회가 없어 사소한 행동 규범들도 잘 모르는 경향이 있다. 이때 『사자소학』이나 『명심보감』을 읽으면 큰 도움이 된다.

책 제목	지은이	출판사	분량
인성 쑥쑥 한자 쑥쑥 초등 사자소학	송재환	위즈덤하우스	244쪽
어휘 쑥쑥 논리 쑥쑥 초등 명심보감	송재환	위즈덤하우스	276쪽

소개한 책들은 한자 구절에 대해 아이들이 만화를 읽으면서 의미를 깨우칠 수 있게 구성되었다. 또한 한문 원문과 뜻을 써보고 이와 관련된 사고력을 유발시키는 질문들에 대해 답변을 하는 형식으로 구성되어 있어 한자와 사고력 향상에 크게 도움을 받을 수 있다.

● 책읽기는 전뇌적인 활동이다 ●

좌뇌를 흔히 언어 뇌라고 하다 보니 당연히 책읽기는 좌뇌 활동이라고 생각하기 쉽다. 하지만 책읽기는 좌뇌와 우뇌를 동시에 사용하는 전뇌 활동의 대명사다.

책을 읽기 위해서는 먼저 단어를 이해해야 한다. 물론 단어를 이해한다고 해서 의미를 이해할 수 있는 건 아니다. 문장과 문단의 구조도 이해해야 하고, 심지어 드러나지 않은 것까지 찾아서 이해해야 할 때도 많다. 이런 활동은 대부분 언어적인 영역이기에 좌뇌를 사용한다.

하지만 책읽기는 좌뇌 활동으로만 멈추지 않는다. 글을 더 깊이 읽기 위해서는 배경과 사건, 주인공을 비롯한 등장인물들의 심리 상태, 성격이나 행동 등을 이해해야 한다. 그리고 복잡한 인간관계를 파악해야 하며, 작가의 의도도 추리해야 한다. 이런 활동을 관장하는 것은 우뇌다. 그뿐만이 아니다. 책을 읽고 난 후 느낌이나 생각을 말이나 글로 표현하려면 우뇌의 역할이 절대적으로 필요하다. 물론 말이나 글로 표현하기 위해서는 어휘력, 이해력 등 좌뇌의 역할 또한 필수적이다. 하지만 무엇보다 상대방의 입장, 말하거나 글을 쓰는 목적, 추후 벌어질 파장에 대한 판단 등을 반드시 고려해야 성공적인 말하기나 글쓰기가 가능해진다. 이는 모두 우뇌에서 담당하는 영역이다.

사람의 뇌 속에는 뇌 신경을 둘러싸고 있는 '미엘린(Myelin)'이라는 물질이 있다. 미엘린이 많고 두꺼울수록 정보 전달이 빠르고 정확해지는데, 미국 피츠버그대학교의 마르셀 저스트(Marcel Just) 박사에 의하면 이 물질은 아이들이 책읽기와 같은 사고 과정을 반복했을 때 더욱 많이 생성된다고 한다. 이는 책읽기가 뇌 과학적으로도 얼마나 중요한지 잘 보여주는 예라고 할 수 있다.

이처럼 책읽기는 좌뇌와 우뇌를 모두 자극하는 전뇌적인 활동이다. 아이들이 즐겨 보는 텔레비전은 뇌의 40% 정도만 활성화시킨다고 한다. 하지만 책을 읽으면 뇌의 100%, 즉 전뇌적인 활성화가 일어난다. '책은 두뇌의 식단이고 책읽기는 두뇌의 식사다'라는 말이 있다. 식사를 제때 하지 않으면 우리 몸이 건강하지 않듯이, 책읽기를 제대로 하지 않으면 우리 뇌는 영양실조에 걸리고 말 것이다. 영양실조에 걸린 뇌로 공부를 하겠다는 건 지나친 욕심에 불과하다. 아이의 좌뇌와 우뇌가 균형 있게 잘 발달하길 바란다면 지금 당장 좋은 책을 읽는 것부터 시작해야 한다.

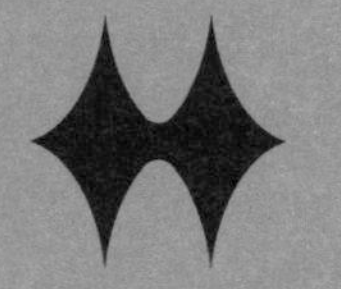

Step 2

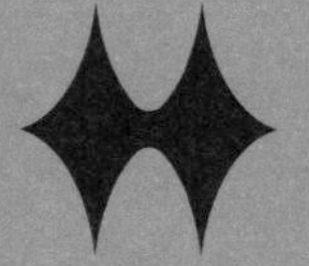

평생 가는 공부 내공을 키우는 법

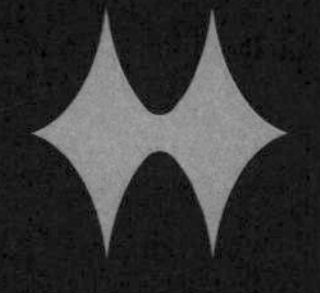

좋은 보검일수록 좋은 칼집에 꽂혀 있어야 더욱 값어치가 있다. 만약 보검이 제대로 된 칼집에 꽂혀 있지 않다면 망나니가 휘두르는 칼과 다를 바 없다. 흔히 실력은 칼에 빗대고 인성은 칼집에 비유되곤 한다. 칼과 칼집이 항상 같이 가야 값어치가 있고 쓸모가 있듯이 실력과 인성도 같이 겸비될 때 빛을 발한다. 하지만 흔히 사람들은 인성의 중요성을 간과하곤 한다.

참을성, 배려심과 같은 것들은 언뜻 보면 공부와는 별로 관계가 없고, 인성과 주로 관련된 것처럼 보인다. 하지만 오랫동안 아이들을 지도하면서 참을성과 배려심 같은 기본적인 인성이 갖춰지지 않은 아이들 중에, 공부를 잘하는 아이들은 거의 보지 못했다. 왜냐하면 인성과 공부는 따로국밥이 아니기 때문이다.

바른 인성 위에 세워진 실력이 진짜 실력이 될 수 있다. 튼튼한 건물을 짓기 위해서는 튼튼한 기초 위에 지어야 한다. 반석 위에 세워지는 건물만이 높이 지을 수 있는 법이다. 자랄수록 내 아이의 실력이 점점 더 빛을 발하게 만들기 위해서는 좋은 인성을 가진 아이로 만드는 것이 우선이다. 한 번 형성된 인성은 평생을 간다. 좀처럼 바뀌지 않는다. 인성은 평생 가는 공부 내공이라 할 만하다.

9 참을성의 법칙

공부의 기본은 참는 것이다

2학년 남자아이 둘이 점심시간에 싸웠다. 대부분의 아이들이 그렇듯이 싸운 이유는 사소했다. 운동장에서 축구를 하던 중 제대로 패스하지 않고 엉뚱한 곳으로 공을 찬 것이 발단이 되어 주먹질까지 오간 상황이었다. 자초지종을 알아보기 위해 둘을 불러놓고 물었다.

"자기한테 패스를 하지 않는다고 친구한테 다짜고짜 욕하는 사람이 어디 있니?"
"얘도 지난번에 그랬단 말이에요."

처음부터 자신의 잘못을 인정하는 경우는 보기 드물다. 대부분은 변명으로 일관하고 상대방을 물고 늘어진다.

"욕은 그렇다 쳐도 어떻게 친구한테 주먹질을 하니?"
"엄마가 맞지만 말고 차라리 때리라고 했어요."

참으로 어이가 없었다. 하지만 이상하지는 않았다. 10여 년 전만 해도 이런 모습은 상상할 수조차 없었지만 요즘은 쉽게 볼 수 있다. 친구가 조금만 자기 마음에 들지 않게 말하거나 행동하면 소리 지르고 욕하기를 예사로 안다. 줄을 서라고 하면 친구가 내 앞에 서는 걸 참지 못해 밀치고 싸운다. 수업 시간에는 단 1분도 차분하게 앉아 있지 못한다. 이렇게 참을성의 미덕은 점점 학교 현장에서 사라지고 있다.

●참을성이 중요한 이유●

참을성은 서양보다는 동양에서 훨씬 강조하는 덕목 중 하나다. 심지어 공자는 사람이 갖춰야 할 최고의 덕목으로 참을성을 꼽는다. 『명심보감』「계성편(戒性篇)」에는 공자와 그의 제자인 자장(子張)이 참을성의 중요성에 대해 이야기한 대목이 나온다.

공자의 제자인 자장이 길을 떠나기 전 스승인 공자께 하직 인사를 올리며 삶의 지침이 될 한마디를 청했다. 그러자 공자가 "모든 행실의 근본으로는 참는 것이 제일 중요하다"라고 답했다. 그러자 자장이 "참는다는 것은 무엇입니까?"라고 여쭈었다. 공자께서 이렇게 답했다.
"천자가 참으면 나라에 해가 없을 것이다. 제후가 참으면 나라가 커질 것이다. 관리가 참으면 그 지위가 높아질 것이다. 형제가 서로 참으면 그 집안이 부귀해질 것이다. 부부가 서로 참으면 일생을 해로하게 될 것이다. 친구가 서로 참으면 명예가 허물어지지 않을 것이다. 자신이 참으면 화가 이르지 않을 것이다."

자장이 이번에는 "참지 않으면 어떻게 됩니까?"라고 여쭈었다. 공자께서 이렇게 답했다.

"천자가 참지 않으면 나라가 황폐해질 것이다. 제후가 참지 않으면 그 몸마저 잃게 될 것이다. 관리가 참지 않으면 법 앞에 죽음을 당하게 될 것이다. 형제가 서로 참지 않으면 갈라져 따로 살게 될 것이다. 부부가 서로 참지 않으면 자식들은 부모 없는 고아가 될 것이다. 친구가 서로 참지 않으면 우정이 사라지게 될 것이다. 자신이 참지 않으면 걱정 근심이 없어지지 않을 것이다."

자장이 감탄하며 말했다.

"이 얼마나 좋은 말씀인가! 참는다는 것은 참으로 어렵구나. 참으로 어렵구나. 사람이 아니면 참지 못하고, 참지 않으면 사람이 아니로구나."

참을성은 나이를 먹고 어른이 된다고 해서 생기지 않는다. 요즘 뉴스를 보면 노인들도 참지 못해 사회적 물의를 일으키는 경우가 비일비재하다. 이를 보면 참는다는 것은 정말 어렵다는 자장의 말에 절로 고개가 끄덕여진다. 공부를 하는 가장 근본적인 목적은 사람이 되기 위한 것이다. 그런데 사람이 아니면 참지 못한다고 한다. 내 아이를 진정 사람으로 만들고 싶다면 공부의 잔기술을 가르치기 전에 참는 기술부터 가르쳐야 할 것이다.

● 잘 참는 아이가 성공한다 ●

참을성이 중요하다는 공자의 생각을 현대적으로 해석하고 증명한 사례가 있다. 바로 그 유명한 '마시멜로 실험'이다. 1968년 미국 스탠포드대학교의 월터 미셸(Walter Mischel) 박사 연구팀은 만 5세 아동 600명을 대상으로 다음과 같은 실험을 진행했다. 배가 적당히 고픈 아이들에게 마시멜로 한 봉지를 주면서 지금 당장 먹어도 되지만 15분을 더 참으면 그에 대한 보상으로 한 봉지를 더 주겠다고 제안했다. 제안을 받자마자 어떤 아이들은 바로 먹어 치웠고, 또 다른 아이들은 조금 참다가 포기하고 먹어버렸다. 하지만 그중에서도 몇몇 아이들은 끝까지 참고 기다려서 두 봉지를 얻는 데 성공했다.

그 후 연구팀은 실험에 참가한 아이들을 30년 동안 철저하게 추적하며 조사했는데, 그 결과가 굉장히 놀라웠다. 우선 미국 대학 입학시험인 SAT(Scholastic Aptitude Test)에서 참은 아이들의 평균 점수가 참지 못한 아이들보다 210점이나 높았다. 그리고 직장 생활이나 결혼 생활에 있어서도 참은 아이들이 참지 못한 아이들보다 성공적이고 행복한 생활을 영위했다.

마시멜로 실험은 참을성이 인생의 성공을 좌우한다고 이야기하고 있다. 참을성이란 당장 하고 싶은 걸 참고 조절해 뒤로 미룰 줄 아는 만족지연 능력을 뜻한다. 겨우 5세인 아이들에게 좋아하는 마시멜로를 보면서 15분 동안 견디는 일은 고문이나 다름없었을 것이다. 하지만 같은 상황에서도 어떤 아이는 잘 참아냈고, 또 다른 아이는 참지 못했다. 참을성의 유무에 따라 아이들의 행동이 달라진 것이다. 마시멜로 실험에서 잘 참은 아이들의 비율은 전체의 30%였다. 필자는 이 수치를 보면서 놀라움을 금치 못했다. 한 학급의 아이들을 두고 봤을 때 이 비율이 거의 들어맞기 때문이다. 수업 시간을 살펴보면 참을성 있게 교사의 설명에 집중하거나 과제를 수행해내는 비율이 정말 30% 정도다. 이처럼 참을성은 아이들의 공부와 학교생활에도 적지 않은 영향을 미친다.

참을성 없는 아이에게는 크게 세 가지 특징이 나타난다. 지나친 폭력성과 의존성 그리고 산만함이다. 폭력성, 의존성, 산만함은 나타나는 모습은 다르지만 이것의 기저에는 참을성이 깔려 있다. 또한 폭력성, 의존성, 산만함은 대부분 부모의 잘못된 양육 방식으로 인해 발현되는 경우가 대부분이라는 사실을 간과하지 말아야 한다. 참을성 없는 아이는 잘못된 부모의 양육 태도에 의해 길러지고 그것의 피해는 본인과 가족 그리고 친구들까지 고스란히 보게 된다. 때문에 부모는 아이의 참을성 문제를 간과하지 말고 어떻게 하면 참을성을 길러줄 것인지 고민해야 한다.

●참을성을 훈련하는 방법●

IQ(지능지수)는 보통 유전적 요인이 강하다고 한다. 반면 EQ(정서지수)는 후천적 요인이 강하다고 한다. 그런데 EQ의 핵심이 바로 '참을성'이다. 참을성은 태어나면서부터 가지고 있는 능력이 아니다. 부단히 노력하면 얼마든지 높일 수 있고 습득할 수 있는 제2의 천성이라고 할 수 있다. 다음은 자녀의 참을성을 길러줄 지금 당장 실천 가능한 방법이다.

집중 책읽기 시간을 만들어 실천한다

아이들에게 책을 읽혀보면 참을성 있는 아이들과 없는 아이들이 확연히 구분된다. 참을성 있는 아이들은 10분 이상 책에서 눈을 떼지 않고 집중한다. 하지만 참을성 없는 아이들은 5분도 견디지 못한 채 딴짓하기 바쁘다. 참을성을 길러주려면 어릴 때부터 책상에 앉아 책을 읽는 훈련을 시켜야 한다.

처음에는 5분부터 시작해 점차 그 시간을 늘려가는 식으로 하면 된다. 그리고 집중 책읽기 시간에는 절대 딴짓을 하지 않는다는 원칙을 세워 오롯이 책만 읽을 수 있도록 해야 한다. 초등 1학년은 최소 10분, 2학년은 최소 20분 정도 앉아서 책을 읽을 수 있어야 한다.

사달라는 것을 바로 바로 사주지 않는다

아이와 함께 마트에 가서 장을 보다 보면 견물생심(見物生心)이라고 간식이나 장난감 등을 사달라고 조를 때가 있다. 이때 무조건 다 사주는 부모가 있는가 하면, 요모조모 따져서 사줘야 할 필요가 있을 때만 사주는 부모가 있다. 아이에게 참을성을 길러주기 위해서는 그 자리에서 당장 사주는 것보다는 나중에 사주는 것이 좋다.

아이에게 일주일 동안 고민해본 다음에 그때도 꼭 사야 할 필요가 있다고 생각하면 사주겠다고 약속한다. 그리고 일주일 후에 아이가 이야기한다면 약속을 지킨다. 하지만 대부분의 아이들은 그 순간이 지나면 욕구가 사라지기 때문에 기억조차 하지 못할 때가 많다. 여기서 가장 중요한 점은 아이와의 약속은 꼭 지켜서 기다림 끝에 맛보는 욕구 해소의 기쁨을 경험하게 하는 것이다.

식사 시 부모보다 먼저 숟가락을 들지 않게 한다

유교에서 말하는 5가지 실천 덕목인 '오륜(五倫)'에 '장유유서(長幼有序)'라는 말이 있다. 어른과 아이는 차례가 있어야 한다는 뜻이다. 지금은 거의 사라져 가는 말이지만 자녀의 참을성 훈련을 위해서는 꼭 필요한 덕목이다. 특히 식사 시 이를 적용하면 좋다. 밥을 먹을 때 아이가 부모보다 먼저 수저를 들지 않게 하는 것이다.

사실 사람의 식욕만큼 제어하기 힘든 것도 없다. 아이가 식탁에 앉아 부모님이 수저를 들 때까지 기다리는 시간은 짧게는 몇 초부터 길게는 몇 분 정도다. 이 시간을 참고 기다린다는 것은 아이에게 보통 어려운 일이 아니다. 더구나 좋아하는 반찬이라도 있는 날이면 그 고통은 더할 것이다. 식사를 할 때마다 마시멜로 실험을 하는 셈이다. 짧은 시간이지만 식욕에 지는 것이 아니라 잘 참아내서 이기는 훈련을 하는 거라고 이야기해 주면 좋다.

스스로 숙제를 하게 한다

참을성은 대부분 자신이 해야 할 일을 할 때 발휘된다. 초등 저학년 아이들에게 참을성이 가장 필요한 순간은 바로 숙제를 할 때다. 초등학교에서 숙제는 참을성과 성실성을 훈련시키는 도구다. 사실 숙제의 양은 중요하지 않다. 적으면 적은 대로, 많으면 많은 대로 아이 스스로 숙제를 하면서 참을성과 성실성을 배워나가는 것이다. 그러므로 부모가 숙제를 대신해주는 것은 절대 금물이다. 어려운 숙제에 한해서 해결 방향을 제시하는 등 조금 도와주는 것은 괜찮지만 부모가 주도자가 되어선 안 된다. 부모는 아이가 '숙제는 내가 할 일이니 반드시 내가 해야 한다. 부모님은 숙제를 도와주실 수는 있지만 절대 대신해주시지는 않는다'와 같은 생각을 하도록 행동해야 한다.

규칙적인 운동을 시켜준다

건강한 신체에 건강한 정신이 깃들기 마련이다. 규칙적인 운동은 아이의 신체를 건강하게 만들 뿐만 아니라 인내심을 길러주는 데 많은 도움을 준다. 운동은 부모가 대신 해줄 수 없다. 자신이 직접 해야 한다. 그리고 운동을 하다 보면 땀이 나기 마련이고 힘든 순간이 찾아오기 마련이다. 이 순간을 극복하는 것이 습관이 되다 보면 점점 참을성이라는 근육이 나도 모르게 생기기 시작한다. 참을성 근육은 점점 단단해지고 점점 아이를 참을성이 강한 아이로 자라게 한다.

잘 참는 모습을 칭찬한다

아이가 잘 참고 어떤 일을 해냈을 때 칭찬을 하면 그 행동을 더 자주 하기 마련이다. 아이가 졸린 걸 이겨내고 숙제를 마쳤을 때나 텔레비전을 보지 않고 책을 읽었을 때 등 작은 것을 잘 참았을 때 꼭 격려를 해준다. 그리고 잘 참는 모습이 인생을 아름답고 풍성하게 만들 것이라는 이야기를 틈날 때마다 해주면 좋다.

"네가 결국 참고 해냈구나. 정말 대견하다."
"오늘도 너는 너와의 싸움에서 이겼구나."

자존감이 높은 아이가 공부도 잘한다

우리 사회는 언젠가부터 '배려'라는 단어가 사라져버린 듯하다. 일상적인 지하철 풍경만 봐도 우리가 상대를 배려하는 데 얼마나 무감각한지 알 수 있다. 줄을 서지 않고 새치기하는 사람들, 큰 소리를 내며 장시간 통화하는 사람들, 다리를 쫙 벌리고 앉아 주변을 불편하게 만드는 사람들이 비일비재하다. 모두 배려심의 부재에서 나타나는 현상이다.

이런 모습은 아이들의 세계인 학교라고 크게 다르지 않다. 새치기를 밥 먹듯이 하는 아이들, 교실이나 복도에서 아무렇지도 않게 소리치고 뛰어다니는 아이들, 선생님한테도 반말을 하는 아이들 등 모두 나열하기 힘들 정도로 다른 사람을 배려하는 문화는 점점 사라지고 있다. 어릴 때부터 배려에 대해 생각하고 실천하지 않으면 나중에 아이들은 사람의 형상을 한 괴물이 될지도 모른다. 배려에 대한 바른 이해와 훈련이 그 어느 때보다 절실하다.

●배려심은 자존감의 밑바탕이다●

자존감이란 스스로 자신의 품위를 지키고 자신을 존중하는 것이다. 자신을 평가할 때 다른 사람과 비교하지 않고 있는 그대로의 자신을 인정하는 것이다. 자존감과 비슷한 꼴로 자존심이란 말이 있지만 이는 전혀 다른 의미를 가진다. 자존심은 다른 사람과 비교해서 자신을 존중하는 것이기 때문에 자신보다 더 나아 보이는 사람이 있으면 한없이 무너져버린다. 하지만 자존감은 비교 대상이 타인이 아닌 자신이기 때문에 쉽게 무너지지 않는다.

세상에는 자존감이 높은 사람과 낮은 사람이 고루 존재한다. 자존감이 높은 사람은 매우 긍정적이며 자신을 타인과 비교하지 않는다. 또한 쓸데없이 사람을 비난하지 않는다. 그뿐만 아니라 과거를 되새기며 후회하거나 미래에 대한 막연한 불안감에 휩싸이지 않고 현재에 최선을 다하며 즐겁게 살아간다. 이와는 정반대로 자존감이 낮은 사람은 매우 부정적이며 끊임없이 자신을 타인과 비교한다. 또한 일상적으로 다른 사람을 비하하고 비난한다. 자꾸 과거를 떠올리며 후회하고 미래에 대해 불안해한다.

어른들과 마찬가지로 아이들도 자존감이 높은 아이와 낮은 아이로 나뉜다. 자존감이 높은 아이는 긍정적이고 친절해서 친구들과 사이가 좋으며 친구들로부터 인정을 받는다. 또한 자신감이 넘치며 잘못을 지적하면 바로 고치려고 노력한다. 무슨 일이든지 교사의 시선이 아닌 자기 내면의 목소리에 따라 움직이려고 한다. 반면 자존감이 낮은 아이는 부정적이고 까칠해서 친구들과 자주 문제를 일으킨다. 또한 자신감이 없으며 잘못을 지적해도 좀처럼 고치려고 하지 않는다. 당연히 매사 교사의 눈치를 보며

피동적으로 움직인다.

자존감이 높은 아이와 낮은 아이를 확연하게 가르는 특징이 바로 '배려심'이다. 자존감이 높은 아이는 언제나 배려심이 생각의 바탕에 깔려 있다. 기본적으로 자신을 존중하듯이 진심을 다해 다른 사람을 존중한다. 자신이 소중한 존재이듯 다른 사람도 소중한 존재임을 알기에 똑같이 대한다. 하지만 자존감이 낮은 아이는 배려심이 실종된 인생을 살아간다. 자신을 존중할 줄 모르기 때문에 당연히 다른 사람을 어떻게 존중해야 하는지도 모른다. 게다가 자신을 소중하게 여기지 않는 만큼 다른 사람한테도 함부로 대한다. 다른 사람에게 끊임없이 상처를 주다 보니 사람들이 곁에 가기를 꺼린다. 배려심의 부재로 인해 점점 외롭고 재미없으며 살맛이 나지 않는 인생으로 바뀌는 것이다.

배려심 많은 아이가 공부를 잘하는 이유

누군가는 배려심을 요즘 같은 무한 경쟁 시대에 어울리지 않는 고리타분한 유물이라고 생각할 수도 있다. 하지만 그렇지 않다. 경쟁이 치열할수록 배려심이 있는 사람은 오히려 경쟁력이 있을 뿐만 아니라 인생을 더 행복하게 살아갈 수 있다.

좁은 길에서는 한 걸음 양보하여 다른 사람이 먼저 가게 하고, 맛있는 음식은 조금 덜어 다른 사람들에게 맛보게 하라. 바로 이것이 세상을 살아가는 가장 편안하고 즐거운 방법 중 하나다.

'동양의 탈무드'라고 할 만한 『채근담(菜根譚)』에 나오는 구절이다. 여기서 강조하는 건 결국 배려심이다. 아주 사소한 배려심을 가진 사람이 인생을 즐겁게 살아갈 수 있다고 이야기하고 있다. 이처럼 배려심은 다른 사람을 행복하게 만드는 것 같지만 종국에는 나를 행복하게 만들어준다. 그뿐만 아니라 배려심은 내 아이를 행복한 사람, 실력 있는 사람으로 키워준다.

사람들은 흔히 공부 잘하는 아이들이 경쟁심이 강해 이기적일 거라고 생각한다. 하지만 학교 현장을 살펴보면 그 반대의 경우가 더 많다. 그런 아이들이 오히려 친구를 잘 배려할 뿐만 아니라 너그럽기까지 하다. 배려심이 많은 것을 단순히 인성이 좋다 정도로 해석하면 곤란하다. 그 이상이다. 상대를 잘 배려하려면 기본적으로 상대에 대한 관찰력이 뛰어나야 한다. 상대의 표정, 말투, 몸짓 하나까지도 잘 살필 줄 안다는 뜻이다. 그리고 관찰력은 공부를 하는 데 있어 필수 요소다. 관찰력이 기억력, 말하기, 글쓰기, 분류해서 생각하기 등에 좋은 영향을 미치기 때문이다. 이런 이유로 배려심이 많은 아이가 공부를 잘할 가능성이 높은 것은 어찌 보면 당연한 결과인지도 모른다.

사실 배려심이 많은 아이가 공부를 잘할 가능성이 높은 것은 뇌 과학적인 측면에서 볼 때도 일리가 있다. 상대에 대해 진심으로 배려하는 마음을 가질 때 사람의 뇌에서는 알파파와 같은 좋은 뇌파가 나온다. 이런 상태에서 공부를 하면 최고의 집중력을 발휘할 수 있어 학습 효율이 높을 수밖에 없다.

● 배려심 많은 아이로 키우는 방법 ●

한 설문에 의하면 '자녀가 성인이 되었을 때 어떤 사람이기를 기대하는가?'라는 질문에 대다수의 부모들이 '남을 배려하는 사람'이라 답했다고 한다. 부모들은 아는 것이다. 인생을 살아보니 중요한 것이 무엇인지를 말이다. 어떻게 하면 내 아이를 배려심 많은 아이로 키워 공부도 잘하고 다른 사람들한테도 사랑받게 할 수 있을까?

언제나 아이에게 따뜻하게 대한다

기본적으로 배려심은 따뜻한 정서에서 나온다. 그리고 이러한 정서의 기반은 바로 부모와의 관계에서 비롯된다. 평소 부모가 아이를 존중하고 다정하게 대하면 아이는 따뜻한 정서를 함양할 수 있다. 하지만 부모가 아이에게 소리치고 협박하거나 물리적인 폭력을 휘두르면 아이의 정서는 메마를 뿐만 아니라 냉소적으로 변한다. 온기 속에서 자란 아이의 내면에는 따스함이 자리하고 냉대 속에서 자란 아이의 내면에는 차가움만이 존재한다. 당연히 배려심은 차가움 속에서는 절대 싹틀 수 없는 꽃씨와 같다.

서로 공감하는 대화를 나눈다

"괜찮아."

"고마워."

"속상했겠구나."

"그래, 네가 원하는 것은 그것이었구나."

"네 입장이 참 난처했겠구나."

"엄마가 미처 네 마음을 헤아리지 못했네."

일상생활에서 아이의 마음을 읽어주는 공감 대화를 많이 나누면 좋다. 이때 아이의 기분을 좀 더 헤아리고 이해하려는 마음가짐이 무엇보다 중요하다. 평소 공감 대화에 익숙한 아이는 다른 사람의 입장에서 생각하는 걸 별로 어려워하지 않는다. 그렇기 때문에 다른 사람이 힘든 상황에 처했을 때 기꺼이 공감의 말을 건네는 배려심 넘치는 사람이 될 수 있다.

부모에게 존댓말을 사용하게 한다

사람은 말하는 대로 생각하고 또 행동하는 경향이 있다. 생각대로 말하는 것 같지만 가끔은 말하는 대로 생각이 형성되기도 한다. 그렇기 때문에 말은 최대한 가려서 해야 하며, 되도록 상대를 존대하는 말을 써야 한다. 존댓말은 상대에 대한 최대 존중의 표시다. 그런데 안타깝게도 존댓말을 제대로 쓸 줄 아는 아이가 점점 줄어들고 있다. 심지어 선생님에게도 존댓말을 쓰지 않는 아이가 점점 늘어나는 추세다. 사실 부모님에게 존댓말을 쓰는 아이는 학교에서도 다 티가 난다. 기본적으로 말이 차분하며 말로써 상대를 화나게 하거나 상처 주지 않는다. 몇몇 부모들은 자녀가 존댓말을 쓰면 거리감이 느껴져 싫다고 이야기한다. 하지만 이는 '반말 사용=친밀함'이라고 착각하는 데서 온 생각일 뿐이다. 존댓말은 부모와 자녀 사이를 더욱 가깝게 할지언정 멀어지게는 하지 않는다. 오히려 자녀가 부모에게 함부로 말하는 것이 서로의 거리를 멀리멀리 떨어뜨려 놓는다.

감사 표현을 하게 한다

내가 배려하는 사람인지 아닌지를 가장 쉽게 판가름할 수 있는 방법은 감사 표현을 하는지 안 하는지를 보면 된다. 감사 표현을 잘하는 사람은 대부분 상대에 대한 배려심이 뛰어난 사람이다. 하지만 감사 표현을 제대로 하지 않는 사람은 상대에 대한 배려심이 부족할 확률이 높다. 남에게 받은 도움이나 호의 또는 선물 등 아주 사소한 것을, 당연한 것이 아닌 감사할 줄 아는 사람은 그만큼 상대에 대한 배려심이 뛰어난 사람이다. 엄마가 차려준 밥상을 대하면서 '감사합니다. 잘 먹겠습니다'라고 말하는 아이는 엄마에 대한 배려심이 있기 때문이다. 일상생활에서 사소한 것에도 아이가 항상 감사 표현을 하게끔 만드는 것은 상대에 대한 배려의 출발이자, 아이의 인생을 행복하게 만들어주는 묘약이다.

인사 교육을 시킨다

요즘은 예전과 달리 인사 잘하는 아이들이 드물다. 다른 선생님들에게는 말할 것도 없고 담임선생님에게도 인사를 하지 않는 아이들이 많다. 인사는 가장 기본적인 배려의 모습이다. 인사 잘하는 사람을 싫어하는 사람은 아무도 없다. 인사를 하되 조금만 더 상대를 배려해 이름과 함께 호칭을 불러주면 더욱 좋다. 이를 테면 "○○○ 선생님, 안녕하세요"라고 인사하는 것이다. 그럼 어느 순간 그 선생님과 내 자녀 사이에 특별한 관계가 형성될 수도 있다.

미국의 역대 대통령 중 국민에게 가장 많은 사랑을 받았던 존 F. 케네디(John F. Kennedy)는 이런 말을 했다.

> 조그마한 친절과 한마디 사랑의 말이 저 위의 하늘나라처럼 이 땅을 즐거운 곳으로 만든다.

여기서 조그마한 친절과 사랑이 뜻하는 것은 바로 배려다. 이러한 배려가 이 땅을 천국으로 만들 수도 있고, 어디에서나 환영받는 아이로 키울 수도 있는 것이다.

부모의 믿음은 아이에게 최고의 칭찬이다

제2차 세계대전 당시 의사였던 헨리 비처(Henry Beecher)는 모르핀이 부족했을 때 식염수를 모르핀으로 가장해 병사들에게 투여했다고 한다. 그런데 놀랍게도 식염수를 투여 받은 병사들이 통증 완화를 느끼는 것을 목격하게 되었다. 이처럼 환자가 진짜 약으로 속인 가짜 약을 복용했음에도 병세가 나아지는 현상을 가리켜 '플라시보 효과(Placebo Effect)'라고 한다. 하지만 이와는 반대로 '노시보 효과(Nocebo Effect)'도 있다. 진짜 약을 먹었음에도 불구하고 약을 믿지 못해 약효가 전혀 나타나지 않는 현상을 뜻한다. 플라시보 효과와 노시보 효과는 정반대의 개념이지만 사실 같은 말이나 다름없다. 사람은 생각한 대로 믿고, 그 믿음대로 결과가 나온다는 것이다. 이 같은 효과는 의료 현장에서뿐만 아니라 교육 현장에서도 빈번하게 나타난다.

부모가 자녀에 대해 어떤 믿음을 가지고 있느냐에 따라 바보는 천재가 되기도 하고 천재는 바보가 되기도 한다. 아이들 중에는 부모의 신뢰를 받지 못해 더 클 수 있음에도 불구하고 성장하지 못하는 경우도 많다. 부모의 불신이 자녀의 발목을 붙잡는 꼴이다. 부모는 자녀를 전폭적으로 믿고 신뢰하는 것이 공부뿐만 아니라 인생 전반에 걸쳐 결정적인 영향을 끼친다는 사실을 반드시 기억해야 한다.

● 자녀에 대한 피그말리온 효과 ●

『그리스 로마 신화』에는 피그말리온이라는 젊은 조각가 이야기가 나온다. 추한 외모에 콤플렉스로 가득 찬 피그말리온은 주변 사람들과 관계를 맺기보다는 스스로 갇혀 살기를 좋아했다. 그래서 자신만이 사랑할 수 있는 아름다운 여인을 조각해놓고 그녀에게 시도 때도 없이 이야기를 하다가 사랑에 빠지게 된다. 그러던 어느 날, 미(美)의 여신인 아프로디테 축제일에 간절한 기도를 올리면 소원이 이뤄진다는 소식을 듣고 그는 조각상이 사람이 되게 해달라고 온 마음을 다해 기도한다. 이에 감동한 아프로디테는 조각상에게 생명을 주고, 피그말리온은 마침내 그 여인과 결혼해 딸을 낳고 행복하게 살아간다. 여기서 비롯된 말이 바로 '피그말리온 효과(Pygmalion Effect)'다. 이는 간절한 열망이 꿈을 이루게 하고, 자기 암시의 예언적 효과를 통해 긍정적인 사고가 사람에게 미치는 좋은 영향을 일컫는다.

피그말리온 효과는 부모와 자녀 사이에서도 얼마든지 나타날 수 있다. 부모가 자녀에 대해 긍정적인 사고를 하고 긍정적인 기대감을 가지면 실제 결과도 그렇게 나올 수 있다. 하지만 반대로 부모가 자녀에 대해 부정적인 사고를 하고 부정적인 기대감을 가지면 실제 결과도 그렇게 나올 수밖에 없다. 결국 자녀는 부모의 생각대로 성장하게 되어 있는 셈이다.

예전에 2학년을 가르칠 때 일이다. 아직도 한 여자아이가 기억에 많이 남는다. 항상 해맑은 웃음을 짓는 순수한 아이였고, 친구 관계도 원만하고 공부도 썩 잘했으며 흠잡을 데 하나 없는 소위 '엄친딸'과 같은 아이였다. 어느 날 우연히 이 아이가 이렇게 반듯하게 자라는 이유에 대해 알게 되었다. 어버이날 즈음 아이들더러 부모님께 감사 편지를 쓰라고 했는데 그 아이는 자신을 가리켜 '금쪽같은 딸 ○○'이라고 표현했다. 참 멋지다는 생각이 들어 아이에게 물었다.

"이 표현은 네가 지어낸 거니?"
"아뇨. 엄마 아빠가 저를 이렇게 부르세요."

그때 딱 무릎을 쳤다. 아이가 반듯하게 자라는 이유가 눈에 보였기 때문이다. 부모가 아이를 매일매일 '금쪽같은 딸'이라고 부르니, 아이 역시 그 기대대로 금쪽같은 딸이 되는 것이다. 나중에 이 아이를 6학년 때 한 번 더 가르쳤는데 그때도 여전히 금쪽같은 딸로 잘 크고 있었다. 이것이 바로 피그말리온 효과가 아니고 무엇일까.

부모의 믿음을 받지 못하고 자란 아이들은 자기효능감과 자신감이 낮다. 자신의 능력을 부모로부터 충분히 인정받지 못했기에 스스로에 대한 불안감과 무력감을 느낀다. 또한 낮은 자신감은 인간관계에서 어려움을 겪고 어떤 선택 상황에서 결정력 부족을 드러내곤 한다. 내 자녀를 이런 아이로 만들지 않기 위해서는 아이에게 부모의 믿음을 보여주어야 한다. 자녀의 말 경청하기, 자녀에 대한 적극적인 지지와 격려, 일정한 규칙과 경계 설정해주기, 일관성 있는 말과 행동 보여주기는 아이에게 부모의 믿음을 보여주는 좋은 방법이다. 만약 내 아이가 자신감이 부족하고 관계의 어려움을 많이 겪는다면 부모의 믿음을 받지 못하고 자라지는 않는지부터 점검할 일이다.

믿음을 가득 담아 "마젤 토브(Mazel Tov)!"

자녀에 대해 긍정적으로 생각하는 부모들을 보면 두드러진 특징이 하나 있다. 자녀를 신뢰한다는 것이다. 부모에게 신뢰를 받는 아이와 그렇지 않은 아이는 하늘과 땅만큼 차이가 난다. 사람은 누군가 자신을 믿어줄 때 '나는 참 괜찮은 사람'이라는 생각을 하며, 이는 긍정적인 자아감 형성으로 이어져 성공의 필수 요소로 자리 잡는다. 그래서 부모에게 사랑받는 아이는 궁극적으로 긍정적인 자아감을 형성할 수 있을 뿐만 아니라 더 나아가서는 인생을 성공적으로 살아갈 수 있는 것이다. 하지만 부모의 신뢰를 받지 못한 아이는 항상 불안하며, 부모로부터 받지 못한 신뢰와 인정을 끊임없이 다른 사람으로부터 얻어내기 위해 애쓰는 피곤한 인생을 살아간다.

사람은 신뢰를 받는 만큼 행동하는 경향이 있다. 이런 특성을 잘 이용한 민족이 유대인이다. 현재 전 세계 보석 시장은 유대인이 장악하고 있다. 그중에서도 다이아몬드 시장의 점유율은 80% 이상이다. 이렇게 유대인이 보석 시장을 차지할 수 있었던 이유는 '신뢰' 덕분이다. 유대인은 고객이 다이아몬드가 마음에 들어 계약이 성사된다 싶으면 "마젤 토브(Mazel Tov, '행운을 빈다'라는 뜻의 히브리어)!"라고 말하며 악수하는 것으로 계약서를 대신한다. 우리로서는 상상도 할 수 없는 일이다. 적게는 몇 백만원에서 많게는 수억 원을 호가하는 다이아몬드를 거래하면서 계약서 한 장 쓰지 않는다니 말이다. 계약서뿐만 아니라 보증서 등도 일체 첨부하지 않는다고 한다. 우리가 생각하기엔 고객이 다이아몬드만 받은 다음 돈을 떼먹고 도망칠 것 같은데 전혀 그렇지 않다. 오히려 꼼꼼하게 계약서를 쓰고 보증서를 첨부하는 우리보다 사기를 당할 확률이 훨씬 낮다고 한다. 이처럼 유대인은 철저한 고객 신뢰 마케팅으로 세계의 보석 시장을 점유해왔다.

유대인의 모습 속에서 신뢰가 가진 힘을 엿볼 수 있다고 생각한다. 계약서도 작성하지 않고 수천만 원짜리 다이아몬드를 받은 고객은 그 신뢰를 저버릴 수가 없는 것이다. 오히려 그 신뢰에 보답하기 위해 반드시 신뢰를 지킨다. 아이들도 마찬가지다. 부모에게 신뢰를 받으면 아이도 신뢰를 지키기 위해 그렇게 행동한다. 하지만 부모가 믿지 못하면 아이 역시 의심스러운 행동을 계속하기 마련이다. 애당초 신뢰를 받지 못했으니 지켜야 할 신뢰도 없는 것이다.

• 입술 30초, 가슴 30년 •

부모님이 성장 과정에서 했던 말 중에 아직도 뇌리에 남아 있는 말이 있는가? 만약 있다면 그 말은 긍정적인가, 아니면 부정적인가? 부모가 자녀에게 해주는 말은 자녀의 뇌리 속에 평생 남기 마련이다. 긍정적인 말을 기억하는 사람은 긍정적인 인생을 살아가고, 부정적인 말을 기억하는 사람은 부정적인 인생을 살아간다. 필자도 아버지의 말씀 중에 여전히 마음에 남는 한마디가 있다.

"아빠는 재환이 믿으니까."

사실 어릴 때 자주 들었던 말은 아니다. 하지만 가끔 아버지께서 말끝에 붙여서 말씀하시곤 하셨다. 이 말을 들을 때마다 어린 마음이었지만 그렇게 기쁠 수가 없었다. 아버지께서 나를 믿어주시니 나도 그 믿음대로 잘해야겠다는 생각을 했었다. 어쩌면 필자는 아버지께서 해주신 수많은 말씀 중에 그 한마디만큼은 꼭 기억하고 싶었는지도 모른다. 이처럼 부모의 말은 자녀의 인생을 따라가며 큰 영향을 끼친다.

"엄마는 너 믿는다."
"네가 아빠의 믿음을 져버리지 않았구나."
"네 말과 행동은 항상 믿음이 가."

자녀에게 믿음과 신뢰의 말을 자주 해줘야 한다. 이런 말을 자주 해주다 보면 아이는 그 말을 자신의 가슴에 담고 세상으로 씩씩하게 나아갈 것이다. 어렵고 힘겨울 때마다 부모가 해준 믿음의 말을 되새기면서 이겨낼 것이다. 그리고 마침내 승리할 것이다.

'입술 30초, 가슴 30년'이라고 했다. 부모의 입에서 쏟아져 나오는 말은 잠깐이지만 그 영향력은 평생 간다. 부모라면 당연히 이 사실을 꼭 기억해야 할 것이다.

소리 내서 읽어본 내용은 잊히지 않는다

일본에서 150만 부 이상 팔리며 소리 내어 읽기의 중요성을 일깨워 바람을 일으킨 책이 있다. 메이지대학교 문학부의 사이토 다카시(齋藤孝) 교수가 쓴 『소리 내어 읽고 싶은 일본어(声に出して読みたい日本語)』다. 이 책에서는 소리 내어 읽기를 하면 사려가 깊어지고 임기응변에 능해지며 언어생활도 윤택해진다고 말하고 있다.

일본과는 달리 우리나라에서는 소리 내어 읽기인 음독(音讀)이 점점 사라지고 있다. 특히 요즘 초등학교 저학년 교실에서 가장 안타까운 부분이다. 예전에는 교실 복도를 지날 때마다 제비처럼 입을 쩍쩍 벌리면서 책을 읽는 소리가 정겹게 들려왔지만 요새는 이런 모습을 보기 힘들다. 저학년 아이들도 주로 눈으로만 책을 읽는 묵독(黙讀)을 하기 때문이다.

조선 시대까지만 해도 우리의 전통 책읽기 방식은 소리 내어 읽는 음독이었다. 하지만 언제부턴가 음독이 사라지고 그 자리를 묵독이 대신하고 있다. 눈으로만 조용히 책을 읽을 때 좀 더 집중이 잘 되고 학습 효과도 높을 것 같지만 실상은 그렇지 않다. 소리 내어 읽을 때 훨씬 집중력이 올라가고 학습 효과도 높다. 우리가 큰 착각을 하고 있는 셈이다.

● 소리 내어 읽기의 놀라운 학습 효과 ●

일본 도호쿠대학교의 가와시마 류타(川島隆太) 교수는 어떤 행동이 뇌 활성화에 영향을 주는지 연구하다 소리 내어 읽기의 중요성을 발견했다. 그에 의하면 생각하기, 글쓰기, 읽기 등 무엇을 하느냐에 따라 뇌에서 반응하는 장소가 각각 다른데, 반응하는 곳은 혈액 순환이 활발해졌다. 그래서 혈액량의 변화를 기능적 MRI(자기 공명 영상) 장치로 살펴봤더니 소리 내어 읽기를 할 때는 다른 때보다 월등히 많은 뇌 신경 세포가 반응했다. 평균적으로 전체 뇌 신경 세포의 70% 이상이 반응했는데, 이는 묵독이나 글자 외우기 등을 했을 때보다 훨씬 높은 수치였다. 이런 연구에서도 알 수 있듯이 소리 내어 읽기는 묵독보다 학습 효과가 좋다. 묵독을 하면 눈으로만 읽는 1차 독서로 끝난다. 반면 소리 내어 읽기는 눈으로 읽는 1차 독서, 입으로 읽는 2차 독서, 귀로 듣는 3차 독서, 음파에 의해 전신으로 읽는 4차 독서까지 이뤄진다. 딱 한 번 눈으로만 읽는 묵독과 온몸으로 네 번에 걸쳐 읽는 소리 내어 읽기 중 어느 쪽이 학습 효과가 더 좋을지는 분명하다.

학습 효과 외에도 소리 내어 읽기에는 부수적인 효과가 많다. 소리 내어 읽기는 글을 정확하게 읽을 수 있는 가장 확실한 방법이다. 눈으로 읽다 보면 빼먹고 읽는 곳도 생기고 머리로는 딴 생각을 하기 쉽다. 하지만 소리 내어 읽기는 글자 한 자 한 자를 또박또박 읽어야 가능한 가장 정확하면서도 정직한 책읽기 방법이라 할 수 있다. 이런 이유 때문에 책을 대충 읽는 아이들에게 가장 확실한 처방 중에 하나가 소리 내어 읽기를 권하는 이유이다. 또한 소리 내어 읽기를 많이 하면 구강 구조가 좋아진다. 특히 구강 구조가 형성되는 중인 저학년 아이들은 소리 내어 읽기를 많이 할 경우 구강 구조가 좋아져 발음이 정확해지고 말을 명확하게 할 수 있다. 그리고 소리 내어 읽기를 많이 하다 보면 의미 단위로 끊어 읽기를 잘 할 수 있다.

사실 고학년 중에서도 책읽기를 시키면 더듬더듬 읽거나 낱말 단위로 겨우 끊어 읽는 정도밖에 하지 못하는 아이들이 많은데, 이는 소리 내어 읽기를 자주 하지 않았기 때문이다. 마지막으로 소리 내어 읽기를 많이 하면 목소리가 트여 발표 능력까지 향상된다. 책을 자신 있게 큰 소리로 읽는 아이들에게 발표를 시켜보면 대부분 씩씩하게 잘한다. 큰 소리로 읽기와 발표의 연관성이 높기 때문이다.

• 영어 잘하는 아이로 키우고 싶다면 •

3학년 여자아이가 유독 영어 책을 유창하게 잘 읽었다. 하지만 이 아이는 영어를 잘할 수 있는 환경에 둘러싸여 있지 않았다. 엄마는 직장에 다니느라 아이의 공부를 봐줄 시간이 없었고, 심지어 영어 학원에도 다니지 않았다. 그런데 어떻게 영어 책을 유창하게 잘 읽게 되었을까? 여기에는 숨겨진 이유가 있었다. 엄마가 매일 아침 출근하는 지하철에서 아이에게 전화를 걸어 20분 동안 큰 소리로 영어 책을 읽게 한 것이다. 자의 반 타의 반으로 이런 시간을 매일 갖다 보니 아이는 자연스럽게 영어 책 읽기를 잘하게 된 것이었다. 아이의 영어 실력을 보면서 엄마의 지혜와 열정에 박수를 보내고 싶었다. 엄마는 어떻게 하면 아이가 영어를 잘할 수 있는지 정확히 알고 있었고, 그것을 꾸준히 실천했다.

영어를 잘하는 아이들과 못하는 아이들의 가장 큰 차이점은 바로 읽기 실력이다. 영어를 못하는 아이들에게 글을 읽어보라고 하면 보통 인내심을 가지고는 들어주기 힘들다. 마치 어린아이가 처음 한글을 배울 때처럼 떠듬떠듬 한 글자씩 손으로 짚어가면서 읽기 때문이다. 하지만 영어를 잘하는 아이들은 유창하게 읽는다. 그것도 의미 단위로 정확히 끊어서 읽는다. 왜 이런 현상이 나타나는 것일까? 영어를 잘하는 아이들은 소리 내어 많이 읽었기 때문이다. 반면 영어를 못하는 아이들은 소리 내어 읽은 적이 거의 없었다. 사실 우리의 혀는 알게 모르게 우리말에 길들여져 있다. 그리고 당연히 우리의 혀는 영어에 길들여져 있지 않다. 굳어 있는 것이다. 굳어 있는 혀를 풀어주고 길들이기 위해서는 자꾸 큰 소리로 영어를 내뱉어야 한다. 그래야 혀가 풀려 영어로 자연스럽게 말을 잘할 수 있다.

외국인과 대화를 하면서 영어를 배우면 실력 향상에 가장 좋겠지만 대부분 사람들의 현실적인 여건은 이에 미치지 못한다. 이런 현실 속에서 영어 실력을 향상시킬 수 있는 가장 좋은 방법은 끊임없이 큰 소리로 읽고 말하는 것이다. 그러면 읽기 능력 향상뿐 아니라 자신이 하는 말을 계속 들을 수 있어 발음과 억양까지도 교정할 수 있다.

자녀 수준에 맞는 영어 동화책을 한 권 선택해 하루에 10분 정도 큰 소리로 읽게 해보자. 여러 장을 읽는 것보다는 한 장을 반복해서 읽는 것이 좋다. 그렇게 자꾸 반복해서 읽다 보면 읽기가 점점 매끄러워지고, 자연스럽게 영어 표현을 외우게 되며, 그 표현들이 아이도 모르는 사이에 말을 하거나 글을 쓸 때 튀어나올 것이다.

● 소리 내어 읽기 방법 ●

앞서 독서 30분 루틴 방법으로 5분 소리 내어 읽기, 20분 눈으로 읽기, 5분 한 줄 소감 적기를 소개한 적이 있다. 이 방법만 매일 꾸준히 실천해도 소리 내어 읽기의 효과를 톡톡히 누릴 수 있다. 이와 더불어 몇 가지 더 다양한 방법이나 요령을 소개하고자 한다.

조금씩 자주 읽는다

소리 내어 읽기는 조금씩 매일 하는 것이 효과적이다. 소리 내어 읽기는 눈으로만 읽는 것보다 힘들기 때문에 한 번에 많은 시간을 할애하지 않는다. 2학년은 하루 최소 5분에서 10분 정도면 충분하다. 대화 글의 경우 밋밋한 것보다는 상황이나 인물의 기분 등에 어울리도록 실감 나는 목소리로 읽게 한다. 그리고 공부방에서 책을 읽는 아이의 목소리가 거실에 있는 엄마 귀에 들릴 정도로 적당히 큰 소리가 좋다.

책을 정해놓고 읽는다

소리 내어 읽을 책을 미리 정해놓으면 좋다. 매일매일 그때마다 책을 정하는 일이 번거롭기 때문이다. 아이가 하루에 5권의 그림책을 읽는다면 그중 한 권은 큰 소리로 읽게 한다든지, 한 편씩 나눠서 읽기 좋은 『성경』의 「잠언」을 읽게 하면 된다.

국어 교과서를 읽는다

국어 교과서는 많이 반복해 읽을수록 좋다. 아이들의 수준을 고려해 글을 엄선했을 뿐만 아니라 시험 지문에도 나오기 때문이다. 국어 교과서에 실린 작품들을 큰 소리로 읽으면 예습과 복습을 모두 할 수 있다는 이점도 있다. 대개 국어는 일주일 혹은 2주일에 걸쳐 한 단원 정도 진도를 나가는데, 해당 단원을 배우는 동안 하루에 한두 번씩 교과서 본문을 반복해서 읽게 하면 된다. 이런 방식으로 읽다 보면 아이는 한 단원이 끝날 즈음 본문의 글을 20번 가까이 읽게 돼 대부분의 글을 암기하다시피 할 수 있다. 그리고 암기된 글의 대부분은 인용해서 글을 쓰거나 말할 때 재료로 쓰여 일석이조의 효과를 누릴 수 있다.

가족에게 읽어주게 한다

부모님이나 형제자매 등 가족에게 소리 내어 읽어주면 큰 효과를 거둘 수 있다. 소리 내어 읽기를 할 때 듣는 대상이 있는 경우와 없는 경우는 큰 차이가 있다. 듣는 대상이 있으면 아무래도 보다 정성스럽게 읽게 되고, 발음도 더 정확히 하며, 실감 나게 읽어주려고 최선을 다해 노력하기 때문이다. 만약 동생이 있다면 동생에게 큰 소리로 읽어주기를 가장 권하고 싶다.

부모가 먼저 소리 내어 읽어준다

초등학교 저학년 아이들은 책을 읽어주면 참 좋아한다. 책읽기를 싫어하는 아이들조차도 책을 읽어준다고 하면 좋아한다. 책 읽어주기는 책읽기를 싫어하거나 고통스럽게 생각하는 아이들에게 최고로 좋은 방법이다. 책을 읽어주면 독해력이 떨어지는 아이의 경우 혼자 읽을 때보다 독서 능력이 50% 이상 향상된다는 연구 결과도 있다. 시간이 날 때마다 부모가 아이에게 책을 읽어주면 아이의 책읽기 실력도 덩달아 좋아진다. 부모가 책을 읽어주는 모습을 흉내 내기 때문이다. 게다가 자녀에게 책을 읽어주면 잘 들을 수 있는 귀를 만들어주는 것과 마찬가지다. 공부할 때 잘 듣는 것만큼 중요한 것도 없다. 우리나라에서는 더욱 그렇다. 대부분의 수업이 교사가 설명하고 학생이 듣는 방식으로 진행되기 때문이다. 이런 현실 속에서 듣기 능력이 탁월하다면 공부를 잘할 수밖에 없다.

북 토크(Book Talk)를 한다

소리 내어 읽은 책은 기회가 닿을 때마다 북 토크를 한다. 북 토크란 다른 사람이 어떤 책을 읽어보고 싶도록 그 책에 대해 간략하게 소개하고 이야기하는 것이다. 간단한 줄거리부터 느낀 점에 이르기까지 대화 형식으로 자유롭게 말하는 것이 가장 보편적인 북 토크의 방식이다. 책을 읽으면서 어떤 점이 재미있었는지, 새로 알게 된 사실은 무엇인지, 어떤 부분이 감동적이었는지 등에 대해 1~2분 이내로 짧게 말하면 된다. 북 토크를 잘 활용하면 소리 내어 읽기의 효과를 배가시킬 수 있다. 북 토크를 제대로 하려면 주인공이 누구인지, 중요한 일은 무엇인지, 언제 어디에서 어떻게 일어났는지, 어떻게 끝났는지, 자신의 느낌은 무엇인지 등을 기억해야 한다. 이런 훈련을 반복해서 하다 보면 체계적이고 논리적인 사고에 능숙한 아이가 되는 건 시간문제다.

소리 내어 읽는 것을 녹음해서 들어본다

소리 내어 읽는 것을 녹음해서 들어보면 아주 좋다. 핸드폰 녹음 기능 등을 이용해서 자기가 5분 동안 읽는 것을 녹음해서 들어보면 다시 한 번 더 읽는 효과가 있을 뿐만 아니라 스스로를 평가하면서 읽기 능력을 향상시킬 수 있다. 자신의 목소리를 듣는 것이 색다른 경험이 되면서 읽기에서 잘 되는 부분과 잘 안 되는 부분을 분명히 인지할 수 있는 기회가 된다. 아이들은 이 활동을 매우 즐거워하기 때문에, 제대로 읽으라고 하는 엄마 잔소리보다 더 효과적이다.

다른 사람에게 인정받는 아이로 키우고 싶다면

고학년 교실에서 교사의 금기어가 있다. '발표'라는 말이다. 발표를 시키려고 하면 거의 모든 아이들이 딴 곳으로 눈길을 돌리거나 고개를 푹 숙인다. 불과 몇 년 전에 큰 목소리로 "저요! 저요!"를 외치던 아이들이 맞나 싶다. 하지만 저학년 교실은 완전 딴판이다. 아주 사소한 내용이라도 발표를 시키려고 하면 교실이 떠나가라 "저요! 저요!"를 외친다. 손을 들었는데 선생님이 발표를 시켜주지 않는다고 우는 아이까지 있을 정도다. 게다가 저학년 때는 아이들만큼이나 부모들도 발표에 지대한 관심을 보인다.

초등 2학년 학부모 공개 수업, 수업이 끝나자마자 한 엄마가 오더니 이렇게 말했다.

"선생님, 앞으로 수업 시간에 우리 아이 발표 좀 많이 시켜주세요."

"오늘 발표 많이 하지 않았나요?"

"딱 3번 하더라고요. 손은 10번도 더 들었는데……."

엄마는 수업 내내 자녀가 손을 몇 번 들고 발표를 몇 번 하는지 세고 있었던 것이다. 사실 이 엄마의 모습은 대부분 엄마들의 모습이기도 하다. 부모들은 교사가 얼마나 수업을 잘하고 자녀가 얼마나 학습 목표를 성취했는지에 대해서는 별로 관심이 없다. 내 아이가 발표를 얼마나 많이 했는지에 대해서만 관심을 표할 뿐이다. 부모들은 수업 내용과는 관계없이 그저 내 아이가 발표를 많이 하면 좋은 수업이고 잘한 수업이라고 생각한다. 그리고 수업 내용이 아무리 훌륭해도 내 아이가 입을 꾹 다물고 있었다면 영 별로인 수업이라고 생각한다. 부모들이 면담에 오면 꼭 하는 말이 있다.

"선생님, 우리 아이가 발표는 잘하나요?"

적극적으로 발표를 잘한다고 하면 흐뭇한 미소가 입가에 번지지만, 그렇지 않다고 하면 이내 입꼬리가 축 처지곤 한다. 왜 부모들은 이토록 자녀의 발표에 대해 지대한 관심을 갖는 것일까? 그럴수록 아이들에게 있어 발표의 허와 실이 무엇인지 제대로 알고 대처해야 한다.

● 집중하는 아이, 인정받는 아이 ●

초등학교 수업에서 발표는 굉장히 중요한 부분을 차지한다. 초등학교 수업은 중고등학교처럼 교사의 일방적인 강의 수업이 아닌 질문과 대답으로 이뤄지는 문답식 수업이 대부분이기 때문이다. 발표의 가치는 적극적인 성격, 자신감, 말하기 능력, 이해력, 집중력 등에서 찾아볼 수 있다. 그중에서도 발표의 진정한 가치는 수업 집중력의 척도가 된다는 데 있다. 초등 저학년 아이들 중 몇몇은 수업과는 전혀 상관없는 내용을 발표하기도 한다. 심지어 어떤 아이들은 발표한다고 손을 들어놓고는 옆 짝꿍에게 묻는다.

"야, 선생님이 뭐래?"

질문이 무엇인지도 모르면서 친구들이 손을 드니까 그냥 따라서 드는 것이다. 당연히 제대로 된 발표를 할 리 만무하다. 발표는 교사의 물음에 맞는 답이나 생각을 정리해 말하는 것을 의미한다. 그렇기 때문에 발표를 잘하려면 그 무엇보다도 교사의 말에 귀를 기울여야 한다.

자녀가 발표를 안 한다면 둘 중 하나일 확률이 높다. 소극적인 성격이거나 수업 시간에 교사의 말을 듣지 않고 딴청을 피우는 경우다. 만약 아이가 발표에 적극적이라면 일단 교사의 말에 귀를 기울이고 있고 수업 집중도가 높다고 판단해도 크게 무리는 아니다.

발표를 잘하면 여러 가지 좋은 점이 있다. 가장 첫 번째는 교사한테 인정을 받는다는 것이다. 교사 입장에서는 적극적으로 발표하는 아이가 그렇게 고마울 수 없다. 질문을 했는데 아무도 발표하지 않으면 수업의 흐름이 막힐 뿐만 아니라 힘까지 빠진다. 그런데 이때 단 한 명이라도 적극적으로 발표하면 수업의 흐름이 자연스러워지고 신이 나게 된다.

두 번째는 교사뿐만 아니라 친구들한테도 인정을 받는다는 것이다. 수업 시간에 발표를 자주 하고 그 내용까지 수준이 있다면 친구들로부터 '똑똑한 아이', '발표 잘하는 아이', '공부 잘하는 아이' 등으로 인정을 받는다. 또래 평가는 고학년이 될수록 점점 중요해지며, 긍정적인 공부 정체성을 형성하는 데 결정적인 영향을 끼친다.

마지막으로 발표의 유익은 초등학교에서 끝나지 않는다. 초등학교 때 발표 실력은 중고등학교의 발표 수업이나 성인이 되어 프레젠테이션 등을 잘해내는 데 밑거름이 된다. 그리고 발표력과 학업 성취도는 깊은 상관관계가 있다. 수업 시간에 발표를 잘하는 아이들은 대부분 성적이 상위권이다. 그러므로 자녀가 수업 시간에 발표를 안 한다면 원인부터 빨리 확인해볼 일이다.

• 발표를 하지 않는 3가지 이유 •

수업 시간에 발표를 하지 않는 아이들은 도대체 왜 그런 것일까? 만약 자녀가 수업 시간에 전혀 발표를 하지 않는다면 그 원인을 반드시 살펴본 다음 해결책을 찾아야 한다.

제대로 듣지 않으면 발표할 수 없다

언젠가 한번 아이들에게 집중의 중요성에 대해 알려준 적이 있다. 우선 500원짜리 동전을 보여준 다음, 동전이 보이지 않게 주먹을 쥐고선 이 주먹 속에 무엇이 있는지 아는 사람은 손을 들어보라고 했다. 대부분은 손을 들었지만 몇몇은 손을 들지 못한 채 눈만 껌뻑였다. 이렇게 아주 간단한 발표조차도 교사의 말을 듣지 않고 집중하지 않으면 절대 참여할 수 없다.

교사의 말을 제대로 듣지 않고 주의가 산만해서 발표를 못하는 아이들은 그 원인이 무엇인지 알아낼 필요가 있다. 수업 내용이 너무 쉽거나 또는 너무 어려운 것이 문제가 될 수 있고, 경우에 따라서는 ADHD(주의력 결핍 과잉행동장애)와 같은 질병이나 어휘력 부족이 원인일 수도 있다. 그리고 짝꿍이나 앞뒤에 앉은 친한 친구가 원인이 되기도 한다.

배경지식이 없으면 발표할 수 없다

아무리 발표를 하고 싶어도 교사의 질문에 대한 답을 모르면 발표를 할 수 없다. 이런 상황은 대부분 배경지식이 없는 경우에 많이 발생한다. 잘 알지도 못하면서 계속 이야기를 한다든지 자꾸 엉뚱한 대답을 하면 교사라도 이런 아이들은 발표를 시키기가 꺼려진다. 이를 극복하기 위해서는 예습을 하거나 교과 내용과 관련된 책을 많이 읽어 배경지식을 쌓아야 한다.

자신감이 부족하면 발표할 수 없다

정답이나 내용을 알고 있어도 성격이 소극적이거나 내성적인 아이들은 발표를 꺼린다. 또한 답이 틀리지는 않을까 두려움이 많은 아이들은 발표하는 데 굉장한 용기가 필요하다. 기껏 발표했는데 심한 창피를 당한 경험 역시 아이에게 커다란 상처를 남겨 발표를 기피하게 만드는 원인이 될 수 있다.

발표 잘하는 아이로 만드는 방법

2학년 아이들을 가르칠 때 일이다. 똑똑하지만 수줍음을 많이 타는 한 여자아이가 있었다. 내성적인 성격 탓인지 발표에는 거의 참여하지 않았다. 그런데 면담에서 아이의 엄마는 아이가 집에서는 말을 아주 잘한다며 발표를 많이 시켜달라고 부탁했다. 그 후 필자는 아이에게 쉬운 내용부터 발표를 시켰고, 힘들게 발표를 끝내면 칭찬을 많이 해주곤 했다. 이런 과정을 몇 번 거치면서 아이는 점점 발표의 재미에 빠져들었고, 결국 2학기 때는 발표에 적극적인 아이가 되었다.

아이들을 가르치다 보면 발표를 안 하던 아이가 어느 순간부터 적극적으로 발표에 참여하는 것을 목격하곤 한다. 이런 경우 앞의 예시처럼 대개 아이가 변하게 된 특별한 계기가 있기 마련이다. 현재 자녀가 발표를 안 한다고 해서 낙담할 필요는 없다. 좋은 계기를 만들어주면 어느 순간 내 아이도 적극적으로 발표하는 아이로 변신할 것이다.

아이의 말을 잘 들어준다

발표는 친구들 앞에서 하는 활동이다. 일대일로 마주할 때는 더없이 친한 친구들인데 발표할 때는 나를 노려보는 것만 같다. 이 중 한두 명이라도 내 말에 고개를 끄덕여주는 친구가 있다면 발표하는 데 큰 용기가 생긴다. 평소 부모가 아이의 말을 잘 들어주고 긍정의 반응도 많이 해주는 아이는 발표하는 데 크게 부담을 느끼지 않는다. 부모가 자신의 말을 잘 들어주지 않고 부정적 반응을 많이 경험한 아이들은 기본적으로 거절에 대한 불안감이 높다. 이런 아이들은 발표를 제대로 하기가 어렵다.

큰 소리로 책을 읽게 한다

발표를 잘하려면 우선 목소리가 트여야 한다. 그리고 발음 또한 정확해야 한다. 이를 함양하는 가장 좋은 방법은 큰 소리로 책읽기다. 책을 읽을 때는 정확한 방법으로 또박또박 읽게 하며 대화 글은 감정까지 살려서 읽게 하면 좋다.

말할 기회를 자주 준다

발표의 기본은 일상적인 말하기다. 그렇기 때문에 일상생활 속에서 말할 기회를 자주 주면 좋다. 예를 들면 책을 읽고 느낌을 말한다든지, 영화를 보고 감상을 나눈다든지, 뉴스나 신문을 보고 의견을 이야기한다든지 등이다. 특히 수줍음이 많은 아이에게는 이를 극복할 수 있는 기회부터 만들어줘야 한다. 이웃집에 심부름 가기, 슈퍼에서 간단한 물건 사오기, 친척에게 안부 전화하기 등 약간의 용기가 필요한 기회를 자주 접하게 해주면 좋다.

잘 듣는 습관을 길러준다

발표를 잘하려면 듣기가 밑바탕이 되어야 한다. 일상생활에서 듣기 훈련을 해야 발표를 잘하는 아이가 될 수 있다. 듣는 태도에서 가장 중요한 것은 상대의 눈을 바라보는 것이다. 상대가 말할 때 경청하며 바라보는 행동은 상대에 대한 최대의 배려라고 할 수 있다.

평소 아이에게 이런 점을 강조하고 상대를 바라보면서 말하고 듣는 습관을 길러주면 좋다.

자신감을 향상시켜준다

아이의 발표 자신감을 높이기 위해서는 평소 가정에서 대화가 자연스럽게 오가는 분위기를 조성하는 것이 무엇보다 중요하다. 아이가 말할 때 중간에 끊지 않고 끝까지 말할 수 있도록 하는 작은 배려가 발표 자신감을 끌어올리는 데 도움이 된다. 또한 평소 자녀에게 사람은 누구나 실수할 수 있다는 것을 말해주고 자녀가 실수를 하더라도 혼내거나 창피를 주지 말아야 한다. 그리고 아이에게 학교에서 발표를 했는지에 대해 묻고 그렇다고 하면 칭찬을 해준다. 더 나아가 발표 내용이 무엇이었는지 들어본 다음, 그것이 훌륭하다면 더 크게 칭찬을 해준다. 부모의 이런 행동은 모두 아이의 발표 자신감을 향상시키는 데 큰 역할을 한다.

배경지식을 쌓을 수 있도록 도와준다

수업 내용과 관련된 배경지식이 있는 아이와 없는 아이는 발표의 수준이 다를 수밖에 없다. 수준 높은 발표를 하기 위해서는 반드시 배경지식이 필요하다. 배경지식을 쌓는 가장 좋은 방법은 교과 내용과 관련된 책을 많이 읽게 하는 것이다. 또는 견학이나 현장 학습을 다녀오는 것도 좋다. 모든 방법이 여의치 않다면 교과서를 미리 읽어보는 수준의 예습만으로도 배경지식을 쌓는 데 어느 정도 도움이 된다.

Step 3

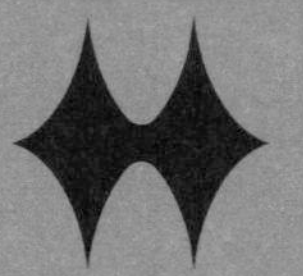

초등 2학년, 긍정적 공부 정체성을 키워라

언젠가 2학년을 가르칠 때 연산이 유독 빠른 한 남자아이가 있었다. 다른 아이들이 계산을 하느라 손가락을 오므렸다 폈다 하는 사이, 이 아이는 암산을 해서 가장 빨리 답을 말하곤 했다. 그래서 이 아이는 스스로 공부를 굉장히 잘한다고 생각했고 친구들도 그렇게 인정했다. 실상은 공부를 썩 잘하는 아이가 아니었지만 스스로 공부를 잘한다고 생각하는 '공부 정체성'을 가지고 있었던 것이다. 덕분에 이 아이는 고학년이 되어서도 계속 상위권의 성적을 유지했다.

이처럼 공부 정체성은 굉장히 중요하다. 필자에게 초등 2학년이 평생 공부 습관을 완성하는 데 왜 중요하냐고 묻는다면 공부 정체성이 형성되어 자리를 잡는 시기라서 그렇다고 말하고 싶다. 공부 정체성이란 스스로 공부를 잘하거나 혹은 못한다고 생각하는 것을 뜻한다. 자아 정체성이 긍정적으로 형성된 사람이 인생을 성공적으로 살아가듯, 공부 정체성이 긍정적으로 형성된 아이가 결국 공부를 잘하게 된다. 공부 정체성은 1학년 때부터 형성되기 시작해 2학년이 되면 어느 정도 굳어진다. 3학년 정도 되면 반 아이들 중 누가 공부를 잘하는지 잘 알고 있다. 뿐만 아니라 자기와 실력(점수)이 비슷한 친구는 누구인지도 알고 있다. 이런 현상은 3학년이 되면 이미 공부 정체성 형성이 상당히 진행되었음을 보여주는 방증이다. 공부 정체성은 고학년으로 갈수록 잘 바뀌지 않는다는 특징이 있기 때문에 부모는 각별히 신경을 써야 한다.

공부 정체성은 받아쓰기나 수학 단원 평가 점수 등과 같이 직접적으로 드러나는 수치에 의해 결정될 것이라고 생각하기 쉽다. 물론 점수가 공부 정체성에 막강한 영향을 끼치는 것은 사실이지만 이게 다는 아니다. 저학년 아이들의 경우 글씨를 얼마나 깔끔하게 쓰느냐와 같이 일상적인 상황도 공부 정체성 형성에 큰 영향을 끼친다.

이번 장에서는 사소해 보이지만 아이들에게는 너무나 중요한, 평생 공부 습관을 완성하는 공부 법칙에 대해 이야기하고자 한다. 초등 2학년 아이들을 분명히 공부 우등생으로 만들어줄 '불변의 법칙'이다.

14 조작 활동의 법칙

몸으로 배운 것은 끝까지 남는다

초등 저학년 아이들을 가르칠 때 가장 어려운 것 중 하나가 수업을 하면서 집중을 시키는 일이다. 끊임없이 꼬물거리고 재잘대는 아이들을 상대로 주의 집중을 시키는 일은 교사들의 영원한 과제다. 겨우 주의 집중을 시켰더라도 5분을 넘기기가 쉽지 않다. 곧바로 주의가 흐트러져 하품하고, 이야기하고, 딴짓하는 아이들로 어느새 교실은 시장 바닥처럼 변하기 일쑤다. 하지만 이런 아이들에게 조작 활동을 시켜보면 상황이 달라진다. 수업을 지루하게 여기던 아이들의 눈에 금세 생기가 돈다. 흥분한 아이들은 조작 활동에 푹 빠져든다. 조작 활동은 말만 거창할 뿐 실상은 유치한 것들이 더 많다.

2학년 수학 시간, '두 자리 수의 덧셈'을 가르칠 때 일이다. 아이들은 '24+37'과 같은 문제에 전혀 흥미를 느끼지 못하고 있었다. 이미 다 알고 있기 때문이었다. 아이들은 계속 "선생님, 이거 재미없어요", "너무 쉬워요"라며 좀처럼 수업에 집중하지 못했다. 어떻게 할까 고민하다가 주사위를 두 개씩 나눠준 다음 주사위 놀이를 하라고 했다. 두 개의 주사위를 두 번씩 던져서 각각 나온 눈으로 두 개의 두 자리 수를 만든 다음, 그 수를 더해 더 큰 수가 나오는 사람이 이기는 게임을 알려줬다. 그 순간부터 교실에는 생기가 돌기 시작했다. 시키지도 않았는데 가위바위보로 순번을 정하고 이긴 아이들이 승리의 함성을 외치는 탓에 조용하던 교실은 난리가 났다. 졸던 아이, 잡담하던 아이, 딴짓하던 아이는 온데간데없이 모두 주사위 놀이에만 몰두했다. 아주 유치한 조작 활동 하나가 다 죽어가던 수학 시간을 생생하게 살린 셈이다.

● 공부를 시키기 전 인지 발달 수준부터 점검한다 ●

스위스의 심리학자 장 피아제(Jean Piaget)는 현대 교육에 굉장히 큰 영향을 끼쳤다. 피아제의 인지 발달 이론이 현대 교육의 근간을 만들었다고 해도 과언이 아니다. 피아제는 사람이라면 누구나 인지 발달 단계를 순차적으로 거치며, 여기에는 문화적 보편성이 있다고 말했다. 다만 사람마다 발달 속도가 조금씩 다르다고 덧붙였다. 피아제의 인지 발달 이론은 다음과 같다.

인지 발달 단계	특성
감각운동기 (0~2세)	새로운 정보를 얻기 위해 자신의 감각을 사용하고, 새로운 경험을 찾기 위해 운동 능력을 사용하고자 애쓴다.
전조작기 (3~6세)	감각 동작적인 행동에만 의존하던 것을 차츰 습득한 언어로 대치하는 시기이며 언어 이외의 다양한 상징적 능력도 발달한다. 이 시기에는 직관적 사고, 물활론적 사고, 상징적 사고, 인공론적 사고 등을 한다.
구체적 조작기 (7~11세)	구체적 조작이나 직접적인 경험을 통해 인지를 획득하는 시기다. 사고가 급격한 진전을 보이는 시기로서 자아 중심적 사고에서 벗어나며, 가역적 사고를 할 수 있고, 보존 개념 등을 획득한다. 또한 도덕성에서 결과보다 동기가 중요함을 깨닫고 유목화가 가능해진다.
형식적 조작기 (12세 이후)	직접적으로 경험하지 않아도 여러 가지 가능성을 생각해 가설을 세워 검증하는 조합적 사고 및 추상적 사고를 할 수 있게 된다.

위의 이론에 따르면 초등 2학년 아이들은 구체적 조작기에 해당한다. 이 시기 아이들은 추상적인 사고가 잘되지 않기 때문에 대부분 직접적인 경험이나 조작에 의해 지식을 습득한다. 심지어 어떤 아이들은 2학년인데도 불구하고 전조작기 수준에 머물러 있기도 한다. 꿈과 현실을 구분하지 못하는 아이, 원래 상태로 되돌릴 수 있는 가역적 사고가 안 되는 아이, 모든 사물이 살아 있다고 생각하는 물활론적인 사고를 하는 아이들을 2학년에서 쉽게 찾아볼 수 있다. 다시 말해 초등 2학년에는 전조작기와 구체적 조작기의 아이들이 혼재되어 있다고 봐도 무방하다.

그렇기 때문에 2학년 아이들을 가르칠 때는 당연히 몸으로 직접 해보는 조작 활동을 우선시해야 한다. 하지만 안타깝게도 현실은 그렇지 않다. 형식적 조작기에 들어선 아이들에게나 어울리는 방법이 대부분이다. 책을 읽고 이해한 다음 암기하거나 문제를 읽고 추상적으로 생각해 추론하는 방법 등은 초등 고학년 이상에게 적절한 공부법이다. 그러나 현실에서는 2학년 아이들에게 이런 공부법이 강요되고 있다. 자신의 인지 발달 수준에 맞지 않는 방법으로 공부를 하다 보니 공부가 어렵고 재미없으며 금세 싫증이 나는 것이다. 철저히 아이의 인지 발달 수준에 맞춘 공부법이라야 공부에 흥미가 생기고 효율도 오르는 법이다.

● 많이 놀아본 아이가 조작 능력이 좋다 ●

필자가 교사가 되고 나서 한참 후에 깨달은 사실이 하나 있는데, 바로 '놀이의 중요성'이다. 고무줄놀이, 딱지치기, 사방치기, 말뚝박기, 팽이치기, 연날리기, 비사치기, 구슬치기 등 헤아릴 수 없이 많은 놀이의 가치를 어릴 때는 전혀 몰랐다. 그저 즐거워서 친구들과 어울려 놀았고, 심지어는 공부하기 싫거나 심심할 때 하는 유희 정도로 생각했다. 그런데 교사가 되고 나서 돌이켜 보니 이런 것들은 결코 단순한 놀이가 아니었다. '아이들은 놀면서 큰다'는 말뜻이 진정으로 마음에 와 닿았다. 그리고 아이들은 놀지 않으면 오히려 뒤처진다는 사실도 알게 되었다.

아이들에게 있어 놀이란 그냥 놀이가 아니다. 새끼 사자들을 살펴보면 끊임없이 서로 할퀴고 물어뜯으며 장난을 친다. 사람으로 치면 놀고 있는 것이다. 만약 새끼 사자들을 놀지 못하게 하면 어떻게 될까? 가만히 앉아만 있게 한다면 어떻게 될까? 새끼 사자는 어른 사자가 되기도 전에 죽고 말 것이다. 마음껏 움직이며 놀지 못해 근육이 발달하지 않아 다른 동물들을 쫓아갈 수 없을 뿐만 아니라 동료들과 힘을 합쳐 사냥할 줄도 몰라 굶어 죽을 것이다. 사람도 마찬가지다. 어릴 때 양껏 놀지 않으면 여러 가지 면에서 제대로 성장할 수 없다. 충분히 놀지 못한 아이들은 조작 능력이 굉장히 많이 떨어진다.

2학년인데도 칼질을 제대로 할 줄 아는 아이가 거의 없다. 뿐만 아니라 간단한 가위질, 종이 마름질, 단추 채우기, 풀칠하기와 같은 조작을 못하는 아이들이 많다. 조작 활동이 아무것도 아닌 것 같지만 절대 그렇지 않다. 조작 능력이 우수하다는 것은 단순히 손재주가 좋다는 의미 그 이상이다. 두뇌가 그만큼 발달했다는 뜻이다. 놀이 과정에는 조작 활동이 아주 많이 필요하다.

요즘 아이들은 고무줄놀이를 할 줄 모른다. 시간이 없어서가 아니다. 고무줄을 묶지 못하기 때문이다. 우스갯소리 같지만 엄연한 사실이다. 딱지치기도 못한다. 딱지치기를 하려면 딱지가 필요한데, 딱지를 만들려면 가위질이나 칼질을 할 줄 알아야 한다. 하지만 조작 활동이 미숙해 딱지를 만들 수 없고, 그래서 딱지를 칠 수 없다. 기껏해야 문방구에서 파는 딱지를 사다가 할 수 있을 뿐이다.

이처럼 놀이는 아이들의 조작 능력 향상과 깊은 상관관계가 있지만 안타깝게도 현실의 아이들은 거의 놀지 못하고 있다. 이로 인한 폐해는 말로 다 표현할 수 없을 만큼 심각하다. 아이들은 심한 스트레스에 시달리거나 친구들과 사이좋게 지내는 방법을 몰라 매일 싸운다. 모두 충분히 놀지 못해 생긴 폐해다. 그리고 이런 폐해는 여자아이들보다 남자아이들한테서 더 심각하게 나타난다. 여자아이들은 놀지 못해도 수다를 떨면서 스트레스를 해소할 수 있지만 남자아이들은 마땅한 대안이 없다. 대부분의 남자아이들은 신나게 놀면서 대근육 및 뇌 발달, 조작 능력 및 집중력 향상 등을 도모하는데, 요즘 남자아이들은 제대로 놀지 못해 자꾸 여자아이들에게 뒤처지고 있다. 더 이상 남자아이들을 뒤처지지 않게 하려면 반드시 적정한 놀이 시간을 확보해줘야 한다.

● 몸으로 하는 수학 vs 머리로 하는 수학 ●

이스라엘에서는 유아를 교육시킬 때 수와 문자를 가르치지 않는다. 수와 문자는 추상적이어서 어린아이들에게 과도한 스트레스를 줄 수 있기 때문이다. 그 대신 만들기, 그림 그리기, 노래 부르기, 예절 교육 등에 집중한다. 이런 교육을 받은 아이들이 커서 노벨상을 휩쓰는 것을 보면 유대인의 교육 방식이 남다른 것 같기는 하다. 하지만 우리의 교육 방식은 어떤가? 모두 알다시피 유대인과는 전혀 딴판이다. 초등학교에 입학하기 전부터 수와 문자를 배우는 일은 너무나 당연하고, 심지어 문제를 주야장천 풀어대는 공부까지 시킨다. 그렇게 아이들은 몸으로 공부를 해보지도 못한 채 머리로 공부하는 방식에 길들여진다.

언젠가 2학년을 지도할 때 일이다. 연산 훈련 시간, 한 남자아이가 책상 서랍 속에 손가락을 숨긴 채 손가락셈을 하고 있었다. 왜 그렇게 하느냐고 물었더니 "계산할 때 손가락을 쓰면 엄마한테 혼나거든요. 선생님한테도 혼날까 봐요"라고 답했다. 나중에 기회가 되어 아이 엄마에게 혼낸 이유에 대해 물으니 "손가락을 못 쓰게 해야 암산 능력이 좋아진다고 해서요"라고 이야기하는 것이었다. 누가 이렇게 잘못된 정보를 흘리는지 모르겠지만 정말 안타깝기 그지없었다. 저학년 아이들은 연산을 할 때 당연히 손가락을 써도 되는데 머리로만 하도록 강요받는 어처구니없는 상황이 벌어지고 있었다.

유대인의 교육 방식이 우리나라에서도 자리를 잡았으면 좋겠다. 이런 방식으로도 얼마든지 아이가 수학을 잘하고 좋아하게 할 수 있다. 수학은 놀이처럼 충분히 몸으로 배울 수 있다. 공식을 외우고 반복적으로 문제를 푸는 방식은 고학년이나 중고등학생들에게 더 적합하다. 초등 저학년 때부터 아이에게 문제 풀이 위주의 공부를 시키는 건 수학을 싫어하라고 부추기는 것이나 다름없다. 저학년 때는 머리로만 하는 수학 공부를 최대한 지양해야 한다. 수학을 몸으로 배운다고 해서 처음부터 가베처럼 그럴싸한 교구로 시작할 필요는 없다. 부모가 마음만 있다면 바둑돌, 주사위, 카드 등 간단한 준비물만 가지고도 아이와 함께 놀면서 수학을 가르쳐줄 수 있다. 이를 통해 아이는 수학에 재미를 느낄 수 있을 뿐만 아니라 수학적인 감각 또한 기를 수 있다.

● 참된 지식이 삶의 지혜가 되려면 ●

『명심보감』「성심편」에 다음과 같은 구절이 나온다.

不經一事 不長一智

(불경일사 부장일지)

한 가지 일을 겪지 않으면, 한 가지 지혜가 자라지 않는다.

초등 2학년 부모라면 누구나 가슴에 새기면서 살아가야 할 말이다. 2학년 때는 수학 문제를 하나 더 풀고 영어 단어를 하나 더 외우는 것이 중요하지 않다. 한 가지 체험이라도 더 해보는 게 훨씬 중요하다. 위의 말처럼 한 가지 체험은 한 가지 지혜를 자라게 하기 때문이다. 학교에서 아이들을 가르치다 보면 이 말의 의미를 절감하곤 한다.

언젠가 2학년 수학 시간에 '길이 재기'를 가르치면서 이런 일이 있었다.

"얘들아, 운동장 한 바퀴가 몇 미터쯤 될까?"

질문에 대한 아이들의 답변이 그야말로 가관이었다.

"5미터요."

한 여자아이가 이렇게 대답하자 듣고 있던 남자아이가 바로 반박했다.

"야, 무슨 5미터냐? 말도 안 돼."

그래도 이 아이는 뭘 알고 있는 것 같아 내심 기대하며 물었다.

"그래? 너는 몇 미터라고 생각하는데?"

"1킬로미터요."

남자아이는 아직 배우지도 않은 킬로미터 단위를 운운하며 전혀 현실적이지 않은 답을 말했다. 어떻게 할까 고민하다가 아이들에게 한 걸음의 길이를 재게 한 다음, 밖으로 나가 운동장 한 바퀴가 몇 걸음인지 세어보게 했다. 그 후 운동장 한 바퀴의 길이를 말해보라고 했더니, 그제야 겨우 100미터와 같은 현실적인 답변이 나오기 시작했다. 물론 이렇게 배우느라 시간은 오래 걸렸다. 하지만 이 일이 있은 다음부터 "교실에서 급식실까지 거리는 얼마나 될까?"라는 질문에 "5미터요", "1킬로미터요"와 같은 답변은 사라졌다.

아이들은 '1m=100cm'나 '1m 10cm+2m 40cm=3m 50cm'처럼 머리

로만 이해하고 받아들이는 지식은 잘 안다. 하지만 이는 시험 문제를 풀 때만 유효할 뿐 현실과는 한참 동떨어진 '따로 국밥' 같은 지식에 불과하다. 곧바로 삶에 적용 가능한 살아 있는 지식은 대부분 조작 활동을 통해 얻어진다. 그러니 아이들에게 가능한 많이 조작 활동의 기회를 열어주자. 아이들은 바로 그 길에서 참된 지식을 배워 삶의 지혜로 바꿔나갈 수 있다.

글씨는 아이의 간판이다

길거리를 걷다 보면 유독 눈에 들어오는 간판이 있다. 그런 곳은 왠지 한번 들어가보고 싶은 유혹에 시달린다. 다른 곳과는 확실히 차별되는 무언가가 있을 거라는 기대감 때문이다. 아이한테 간판과 같은 역할을 하는 것이 바로 글씨다. 글씨가 반듯한 아이는 어딘가 특별해 보이며, 정갈한 글씨 덕분에 많은 혜택을 누린다. 글을 쓰면 내용에 비해 훨씬 좋은 점수를 받기도 하고, 경필 대회에서 많은 상을 수상하기도 한다. 반면 글씨가 이리저리 날아다니는 아이는 특이하게 느껴진다. 날아다니는 글씨 때문에 자주 손해를 보곤 한다. 글을 쓰면 내용보다 훨씬 좋지 않은 점수를 받고, 경필 대회에는 명함조차 내밀지 못한다. 그뿐만 아니라 글씨 좀 예쁘게 쓰라는 부모님과 선생님의 잔소리에 시달리다 자존감에 상처를 받기도 한다.

글씨는 어떤 아이에게서는 특별함을, 또 다른 아이에게서는 특이함을 느끼게 한다. 특히 동양에서는 고대부터 글씨를 신언서판(身言書判) 중 하나로 여겨 사람의 됨됨이를 평가하는 중요한 기준으로 삼아왔다. 신언서판은 중국 당나라 때 관리를 선출하던 네 가지 표준으로, 신(身)은 풍채와 용모가 반듯한 것, 언(言)은 말이 정직하고 언변이 좋은 것, 서(書)는 글씨를 잘 쓰는 것, 판(判)은 사물의 이치를 깨달아 판단력이 뛰어난 것을 의미한다.

예부터 인재를 판단하는 기준이었을 만큼 중시되던 글씨는 현재 완전히 찬밥 신세로 전락했다. 초등 저학년 아이들조차도 글씨를 쓰라고 하면 매우 귀찮게 생각해 흘려서 쓰기 일쑤다. 글씨체는 한번 굳어지면 평생 변하기 어렵다. 그렇기 때문에 본격적으로 글씨를 쓰기 시작하는 초등 저학년 때 제대로 배우고 연습해 평생 경쟁력 있는 자랑거리로 만들 필요가 있다.

● 보기 좋은 글씨에 숨겨진 놀라운 힘 ●

필자는 교사로서 글씨가 많이 흐트러진 아이들을 보면 그때마다 바르게 쓰라고 이야기한다. 하지만 안타깝게도 아이에 따라서는 글씨를 바르게 쓰고 싶어도 안 되는 경우가 비일비재하다. 글씨를 엉망으로 쓰는 원인이 생각보다 다양하기 때문이다. 만약 아이의 글씨가 많이 흐트러져 있다면 주된 원인을 찾아 반드시 고쳐줘야 한다.

우선 글씨가 흐트러지는 원인으로는 조기 교육이 있다. 요즘은 제대로 연필을 잡는 아이들을 찾아보기가 꽤 힘들다. 연필을 검지와 중지 사이에 끼운 아이부터 중지와 약지 사이에 끼운 아이까지 이상한 모습으로 글씨를 쓰는 아이들이 정말 많다. 너무 일찍 연필을 잡고 글씨를 썼기 때문이다. 연필은 손의 조작 능력과 악력이 어느 정도 생긴 다음에 잡는 것이 좋은데, 만 5, 6세 이후가 적기다. 그런데 많은 부모들이 이보다 더 이른 나이부터 한글 쓰기 연습을 시킨다며 아이 손에 연필을 쥐어준다. 아이는 어쩔 수 없이 연필을 잡긴 하지만 똑바로 잡을 수가 없다. 그러다 억지로 이상한 손 모양을 만들어 연필을 잡고, 이것이 굳어져 나중에 고치기 힘들어지는 것이다.

글씨가 흐트러지는 또 다른 이유는 관찰력 때문이다. 글씨 쓰기는 단순한 손기술의 문제가 아니다. 글씨를 보기 좋게 쓰기 위해서는 각 글자마다 자형을 면밀히 살펴 그 특징을 잘 잡아야 한다. 그런데 글씨를 못 쓰는 아이들은 세심한 관찰력이 부족해 글씨를 날려 쓰기 일쑤다. 그뿐만 아니라 느낌표(!), 물음표(?), 마침표(.) 등 문장 부호를 빼먹는 경우도 다반사다.

마지막으로 소근육 발달의 문제가 있다. 사람의 근육은 크게 대근육과 소근육으로 나뉜다. 그중 대근육은 성인이 되어서도 얼마든지 발달시킬 수 있지만, 소근육은 그렇지 않다. 사람마다 조금씩 다르지만 소근육은 보통 3세부터 발달하기 시작한다. 어린아이가 연필을 쥐고 동그라미를 그리는 등 이전에 하지 못했던 일을 하는 것도 모두 소근육이 발달하기 때문이다. 소근육이 발달한 사람은 미세하고 정교한 조작 활동을 잘할 수 있다.

글씨 쓰기는 소근육을 발달시킬 수 있는 가장 대표적인 조작 활동이다. 뇌를 연구하는 학자들은 글씨를 쓰면 손가락을 많이 움직이게 되고,

이 움직임이 미세 신경을 자극해 균형 감각과 운동 중추를 발달시킨다고 이야기한다. 이런 이유로 글씨를 잘 쓰는 아이들은 대체로 손으로 하는 조작 활동을 잘한다. 칼질이나 가위질하기, 꼼꼼하게 색칠하기, 똑바로 선긋기 등이 그것이다. 이처럼 글씨 쓰기는 단순히 보기 좋은 글씨와 그렇지 않은 글씨만의 문제가 아닌 셈이다.

● 글씨 쓰기 자체가 공부다 ●

미국 인디애나 주에서는 2011년 9월부터 초등학교의 글씨 쓰기 과목을 완전히 폐지했다. 디지털 시대에 글씨 쓰기는 과거 축산 농가에서 손으로 소젖을 짜거나 버터를 만들던 기술과 다를 바 없다는 게 이유였다. 글씨를 쓰느니 차라리 그 시간에 타이핑 기술을 가르쳐야 한다고 했다. 하지만 이런 판단은 다소 성급하지 않나 싶다. 글씨 쓰기를 너무 기술적인 측면으로만 접근한 결과이기 때문이다. 앞서 언급했듯이 글씨 쓰기는 단순한 손기술의 문제가 아니다. 글씨 쓰기는 성장기 아이들의 정서나 발달 측면에서 굉장히 큰 의미를 가지고 있다. 특히 우리나라를 포함한 동양권에서는 글씨 쓰기 자체를 공부라고 생각해왔다.

明道先生 作字時 甚敬 嘗謂人曰 非欲字好 卽此是學

(명도선생 작자시 심경 상위인왈 비욕자호 즉차시학)

명도 선생은 글씨를 쓸 때 매우 정성스러웠다. 한번은 사람들에게 이렇게 말했다. "글씨를 정성스럽게 쓰는 것은 글씨를 좋게 보이고자 함이 아니라 바로 그것이 배움이기 때문이다."

『소학(小學)』「선행편(善行篇)」에 나온 구절이다. 글씨를 정성스럽게 쓰다 보면 인내심과 집중력 향상 및 정신 수양에 큰 도움이 된다. 실제로 마음이 흐트러졌거나 흥분한 아이들에게 차분히 글씨를 쓰게 하면 이내 마음이 가라앉는 걸 쉽게 볼 수 있다. 이처럼 글씨 쓰기에는 사람을 달라지게 하는 힘이 있다.

그뿐만 아니라 글씨 쓰기는 정서적인 측면에서도 매우 중요한 가치를 지닌다. 특히 동양권에서는 글씨 쓰기를 단순한 의사 전달 수단이 아닌 하나의 수양 과정으로 삼았고, 예술의 경지로까지 승화시켰다. 우리가 흔히 말하는 서예(書藝)는 중국에서는 서도(書道), 일본에서는 서법(書法)이라고 부른다. 글씨 쓰기에 대한 각 나라의 태도 및 관점이 그대로 담겨 있다고 볼 수 있다. 그중에서 우리 선조들은 글씨의 예술성과 심미성을 강조해 서예라는 하나의 예술로 승화시켜온 것이다.

모든 아이가 그런 건 아니지만 글씨를 정갈하게 쓰는 아이들을 보면 주변 정리를 잘하고 집중력이 좋으며 끊고 맺음이 확실하다. 반면 글씨를 엉망으로 쓰는 아이들은 주변 정리에 미숙하고 집중력이 떨어지며 인내심이 다소 부족하다. 아이들의 생활 태도는 공책을 살펴보면 쉽게 알 수 있다. 글씨가 흐트러지는 만큼 생활 태도도 함께 흐트러지는 경향이 있기 때문이다. 이는 모두 글씨 쓰기와 정서가 얼마나 밀접하게 연관되었는지를 보여준다.

● 바른 글씨 쓰기 훈련법 ●

바른 글씨 쓰기는 저절로 되지 않는다. 어려서부터 의식적으로 배우고 훈련해야 가능하다. 다음은 지금 당장 실천할 수 있는 바른 글씨 쓰기 훈련법이다.

자세를 바르게 한다

바른 글씨 쓰기는 바른 자세부터 시작해야 한다. 바른 자세에서 바른 글씨가 나오기 때문이다. 허리를 곧게 펴고 엉덩이를 의자에 붙이고 앉아 두 손을 모두 책상에 올려놓는다. 흔히 직접 글씨를 쓰는 손만 중요하다고 생각하는데 그렇지 않다. 오히려 글씨를 쓰지 않는 손이 더욱 제 역할을 해줘야 한다. 글씨를 쓰지 않는 손으로 공책을 살며시 눌러 지지해야 바른 글씨를 쓸 수 있다.

반드시 연필로 쓴다

초등 2학년이 되면서부터 1학년 때와는 달리 볼펜이나 샤프로 글씨를 쓰는 경우가 있다. 볼펜이나 샤프는 연필보다 훨씬 적은 힘으로 글씨를 쓸 수 있고, 매번 깎을 필요가 없는 등 편리하기 때문에 아이들이 좋아한다. 하지만 볼펜이나 샤프는 저학년 아이들이 글씨를 쓰기에 적당한 도구가 아니다. 크게 힘을 주지 않고도 글씨를 쓸 수 있기 때문에 글씨체를 망가뜨릴 수 있다. 조금 번거롭더라도 초등학교 때까지는 연필을 사용하는 것이 아이의 글씨를 위해서 바람직하다.

연필을 제대로 잡는다

바른 글씨를 쓰기 위해 앉는 자세만큼이나 중요한 것이 연필을 제대로 잡는 것이다. 엄지와 검지를 서로 맞닿게 한 다음 연필을 그 사이에 두고 단단히 고정시켜 중지 맨 끝마디에 올려놓으면 된다. 하지만 아이들의 연필 잡는 모습은 정말 천차만별이다. 제대로 잡고 있는 아이들을 찾기 힘들 정도다. 앞서 언급했지만 너무 어릴 때부터 연필을 잡았기 때문이다. 이런 아이들의 경우 문방구에서 연필에 끼워 쓰는 삼각 홀더를 구입해 손 모양이 교정될 때까지 활용하면 좋다.

네모 칸 공책을 활용한다

글씨가 많이 흐트러진 아이들은 가급적 네모 칸 공책에 글씨를 쓰게 한다. 흔히 네모 칸 공책은 1학년 때만 잠깐 쓰는 걸로 아는데 그렇지 않다. 그중에서도 보조선이 그어진 공책이 조금 더 도움이 된다. 잘 쓴 글씨를 보여준 다음, 그 글씨를 그대로 베껴 쓰는 방식으로 하루에 20분 정도

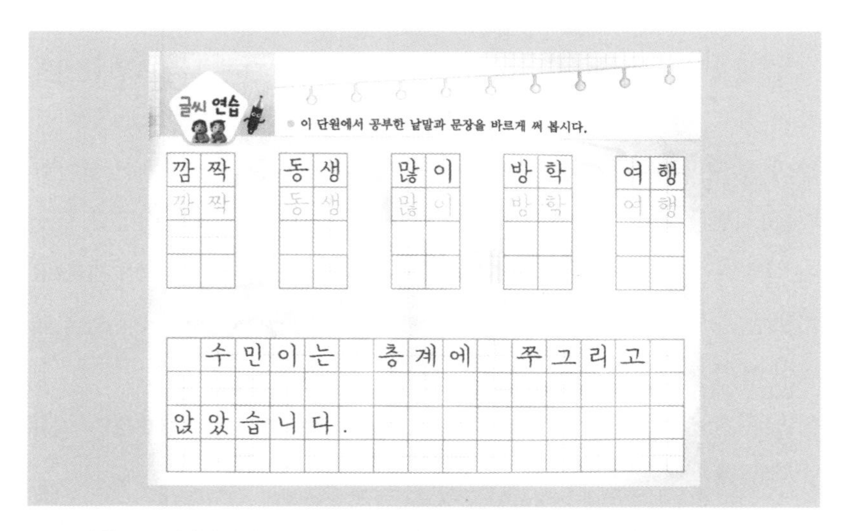

→ 『국어 활동』 교과서에 실린 글씨 쓰기 연습 페이지. 네모 칸이 있어 글씨 쓰기 연습을 효과적으로 할 수 있다.

씩 연습하면 한두 달 후에는 분명히 글씨가 나아진다.

글자의 모양을 생각한다

한글은 글자마다 모양이 있다. 이를 테면 아, 야, 어, 여 같은 글자는 ◁모양, 을, 를 같은 글자는 ㅁ모양, 오, 요 등은 △모양, 우, 유 등은 ◇모양을 닮았다. 글자의 모양에 따라 글씨를 쓰는 방법이나 특징이 각각 다르며, 글씨를 예쁘게 쓰고 싶다면 글자의 모양을 잘 살려서 쓰면 된다. 현재 초등 2학년에는 『국어 활동』이라는 교과서가 있는데, 여기에는 실제로 글씨 쓰기 연습을 할 수 있는 페이지가 있다. 이를 잘 활용하면 글씨 쓰기 연습을 보다 효율적으로 할 수 있다.

손의 조작 능력을 향상시키는 놀이를 한다

아이의 글씨가 흘림체로 변하는 이유는 손의 악력이 없어서다. 이 문제를 해결하려면 손의 악력과 미세한 조작 능력을 향상시킬 수 있는 놀이를 하면 된다. 가장 대표적인 것이 콩알 옮기기로, 그릇에 콩알을 100개 정도 담은 후 젓가락으로 콩을 집어 다른 그릇으로 옮기는 놀이다. 이때 아이가 몇 분 동안 콩알을 옮겼는지 시간을 재서 기록하면 성취감까지도 맛보게 할 수 있다.

부모가 먼저 글씨를 바르게 쓴다

아이들을 지도하다 보면 아이들의 글씨를 보고 깜짝 놀랄 때가 있다. 담임교사의 글씨와 너무 닮아 있기 때문이다. 다 그런 것은 아니지만 반에서 몇 명은 담임교사의 글씨를 정말 닮아 있는 것을 보게 된다. 매일 칠

판이나 교과서에 쓴 담임교사의 글씨를 보면서 따라 쓰다 보니 자연스럽게 닮게 되는 것이다. 아이들의 글씨체는 많은 경우 부모의 글씨체를 닮은 경우를 보게 된다. 자녀가 정성스럽게 글씨를 쓰길 원하는 부모라면 부모 자신의 글씨부터 정성껏 써야 한다.

공부 정체성을 가장 쉽게 끌어올리는 방법

평소 받아쓰기를 어려워하던 2학년 남자아이가 와서 묻는다.

"선생님, 받아쓰기보다 더 어려운 시험도 있어요?"
"그럼."
"정말요? 거짓말이죠?"
"아닌데. 정말인데……."
"아, 난 죽었다. 어떻게 받아쓰기보다 어려운 시험이 세상에 있냐?"

받아쓰기는 저학년 아이들에게 '어쩔 수 없는 벽'과 같은 존재다. 세상에 태어나서 처음으로 보는 시험이요, 처음으로 인생의 쓴맛을 느끼게 하는 것이기 때문이다. 아이뿐만 아니다. 부모에게도 난감하기는 마찬가지다. 처음에는 '그까짓 받아쓰기쯤이야'라고 생각한다. 내 아이는 당연히

100점을 받을 거라 생각한다. 그간 한글 깨치기에 들인 돈과 노력이 얼마인데……. 하지만 하늘도 무심하시지. 아이는 50점도 안 되는 받아쓰기 시험지를 들고 온다. 더 가관인 건 아무렇지도 않은 듯 천진난만한 얼굴을 하고 있다. 마른하늘에 날벼락도 유분수지. 속에서는 천불이 난다. 시작부터 내 아이만 뒤처지는 것 같아 속상하다. 그냥 이대로 주저앉을 수 없다. 아이를 닦달하기 시작한다. 이건 아니지 싶으면서도 도저히 멈출 수가 없다. 여기서 그만두면 내 아이의 인생은 끝장날 것만 같은 불안감이 계속 엄습한다.

● 받아쓰기와 공부 정체성 ●

초등학교에 입학하자마자 부모와 아이가 가장 신경 쓰는 것이 바로 받아쓰기다. 그렇다면 받아쓰기는 1학년뿐만 아니라 2학년에게도 왜 이렇게 중요한 걸까? 받아쓰기가 '공부 정체성'을 형성하는 데 결정적인 기여를 하기 때문이다.

공부는 지능 지수가 높다고 잘할 수 있는 것이 아니다. 공부를 잘하려면 아는 힘인 지력(智力)과 마음의 힘인 심력(心力), 그리고 몸의 힘인 체력(體力)이 조화를 이뤄야 한다. 그뿐만 아니라 자기 조절 능력과 인간관계 능력도 공부에 지대한 영향을 끼친다. 이것들 중 한두 가지만 결핍되어도 공부를 제대로 할 수 없다. 특히 공부는 심리적인 측면의 영향을 크게 받는데, 그중에서도 자기 스스로 공부를 잘한다고 생각하는지 아니면 못한다고 생각하는지가 매우 중요하다. 자기 스스로 공부를 잘한다고 혹은 못한다고 생각하는 것을 '공부 정체성'이라고 한다.

공부 정체성은 어릴 때는 없다가 초등학교에 입학하고 나서부터 점차 생기기 시작한다. 갓 1학년이 된 아이들은 받아쓰기 시험을 봐도 결과에 무감각하다. 50점을 받아도 부끄러운 줄 모르고 친구들한테 자랑하고 다니기 바쁘다. 하지만 시험이 계속될수록 아이들은 시나브로 점수에 집착한다. 1학년 2학기만 돼도 시험 결과를 대하는 아이들의 태도가 확연히 달라진다. 채점이 미처 끝나지도 않았는데 시험지를 언제 나눠주느냐며 담임선생님을 채근하는 일이 잦아진다. 시험 결과를 알려주면 여기저기서 "100점이다!"라는 함성이 들리기도 한다. 반면 "난 엄마한테 죽었다……"와 같은 탄식이 흘러나오기도 한다. 좋은 점수를 받지 못한 아이들 중 일부는 울음을 터뜨리기도 한다. 이런 과정을 거치면서 아이는 점점 공부 정체성을 형성해나간다. 공부 정체성은 2학년 때부터 많이 굳어지며, 그 이후로는 특별한 계기를 맞이하지 않는 한 좀처럼 바뀌지 않는다.

공부는 심리적인 요소가 많은 부분을 차지한다. 그중에서도 공부 정체성은 특히 비중이 높다. 받아쓰기는 초등학교 1학년 때부터 공부 정체성 형성에 큰 기여를 하며, 2학년이 되면 그 영향력이 최고조에 이른다. 실제로 3학년부터는 학교 방침이나 교사의 수업 내용에 따라 받아쓰기를 하지 않는 경우도 많다. 하지만 2학년은 모두 받아쓰기를 한다. 그러므로 초등 2학년 때까지는 받아쓰기에 대한 지혜로운 관리 및 대처가 필요하다.

● 받아쓰기는 단순한 시험이 아니다 ●

많은 부모들이 받아쓰기 시험을 한글을 얼마나 완벽하게 깨우쳤는지 평가하는 도구 정도로만 생각하는 경향이 있다. 하지만 받아쓰기는 그렇게 단순한 시험이 아니다. 받아쓰기는 학교생활의 많은 부분을 보여주는 바로미터다. 받아쓰기를 통해 직접 볼 수 없는 자녀의 학교생활을 얼마든지 가늠해볼 수 있다.

우선 받아쓰기는 '쓰기' 시험이 아니라 '듣기' 시험이다. 시험 결과를 분석해보면 받아쓰기 점수와 듣기 태도 점수가 거의 일치한다. 2학년 아이들이 자주 틀리는 받아쓰기 문제 유형을 분석해보면 꽤 흥미롭다. 물론 맞춤법과 받침을 잘 몰라서 틀리는 경우가 가장 많다. 하지만 이만큼이나 흔하게 틀리는 경우가 바로 글자를 빼먹어서다. 글자를 빼먹고 쓰는 이유는 여러 가지가 있겠지만 그중에서도 단연 으뜸은 선생님의 말을 잘 듣지 않기 때문이다. 선생님이 받아쓰기 문제를 불러줄 때 딴생각이나 산만한 행동을 하다가 한두 글자를 못 듣거나 놓치는 것이다. 따라서 받아쓰기를 잘 못하는 아이가 있다면 듣기 태도부터 점검해볼 일이다. 받아쓰기를 잘하기 위해서는 무엇보다 상대의 말에 경청하는 태도를 훈련시켜야 한다.

또한 받아쓰기는 준비성 테스트이기도 하다. 받아쓰기 하는 모습을 보면 아이가 평소 준비성이 얼마나 좋은지 쉽게 알 수 있다. 받아쓰기 시험만 보려고 하면 몇몇 아이들이 계속 "선생님, 잠깐만요"를 외쳐댄다. 늦게 들어오는 아이, 공책이 없는 아이, 연필을 준비하지 못한 아이, 물 마시러 다니는 아이 등 이유도 가지각색이다. 받아쓰기 시험 중간에 지우개를 빌리러 다니는 아이들도 많다. 그동안 시간은 흘러가고 시간에 쫓겨 아는 문제까지 틀리는 경우가 비일비재하다. 하지만 준비성이 좋은 아이들은 이미 받아쓰기 시험이 시작되기 전부터 미소를 짓고 있다. 선생님이 문제를 부르자마자 잽싸게 받아 적는다. 시험 시간이 여유로울 수밖에 없다.

이런 아이들은 예비 연필과 지우개도 미리 준비해 중간에 빌리러 다니지도 않는다. 점수는 당연히 100점이다.

이처럼 받아쓰기는 단순한 시험이 아니다. 학교생활을 가늠해볼 수 있는 척도로서 손색이 없다. 받아쓰기는 일차원적으로 점수만 봐선 안 된다. 현명한 부모라면 점수 뒤에 숨겨진 자녀의 문제를 발견해내는 통찰력과 지혜로움을 갖춰야 한다.

● 받아쓰기 시험 전략 세우기 ●

고학년 중에서도 중간고사나 기말고사 등 시험 준비를 전략적으로 할 줄 아는 아이들이 많지 않다. 어릴 때부터 스스로 시험 전략을 세워보지 않았기 때문이다. 받아쓰기는 가장 간단한 시험이긴 하지만 저학년 때부터 시험 전략을 세우고 실천해볼 수 있는 좋은 기회다. 받아쓰기 시험을 잘 보기 위해 전략을 세우고 실천하다 보면 나중에는 자신도 모르는 사이에 큰 시험까지도 전략적으로 준비하는 아이가 될 수 있다.

받아쓰기 시험 준비 요령

① 교과서 본문 소리 내어 읽기

대부분의 아이들은 받아쓰기 시험을 준비할 때 선생님이 미리 알려준 낱말이나 문장만을 공부한다. 하지만 그보다는 먼저 국어 교과서의 해당 단원을 찾아 소리 내어 읽어본다. 교과서를 읽으면서 받아쓰기 시험에 나올 단어나 문장을 발견하면 따로 표시를 한다. 이런 과정을 거치면서 받아쓰기 시험에 나오는 단어나 문장이 어떤 맥락에서 비롯되었는지를 알 수 있다. 결과적으로 단어나 문장에 대한 이해력이 깊어지고 틀리지 않을 확률이 높아지는 것이다.

② 받아쓰기 문제 스스로 연습하기

받아쓰기 문제를 스스로 연습한다. 이때 단어나 문장을 많이 읽으면서 써보는 것이 중요하다. 직접 써보면서 틀리기 쉬운 글자나 평소 알고 있던 맞춤법과 다른 글자 등에 따로 표시를 해놓는다. 보통 서너 번 이상 연습하면 받아쓰기 준비가 어느 정도 끝난다.

③ 부모님이 불러주는 문제 받아 적기

부모가 교사 역할을 대신해 실제처럼 받아쓰기 시험을 치러본다. 이때 학교 시험과 최대한 비슷한 상황을 연출하는 것이 중요하다. 교사에 따라 문제를 딱 두 번만 불러준다든지, 문장 부호를 엄격하게 채점한다든지 하는 특징이 있기 때문이다. 이런 점들을 고려해 가급적 학교와 똑같은 상황을 만들어놓고 시험을 치른다. 그래야 시험에 대한 불안이 줄어들고 실제와 연습 점수간의 격차가 좁혀질 수 있다.

④ 틀린 문제 다시 쓰기

받아쓰기 시험 연습에서 틀린 문장이나 단어는 반드시 5번 이상 다시 써보게 한다. 그리고 그 문장이나 단어는 시험 직전 반드시 체크해서 또 틀리지 않도록 아이에게 강조한다. 틀린 문제는 또 틀릴 확률이 높기 때문이다.

⑤ 시험 준비물 확인하기

의외로 받아쓰기 시험에서 가장 많은 실수가 생기는 부분이 학용품 준비다. 시험을 한번 볼라치면 연필이 없는 아이, 지우개가 없는 아이, 공책이 없는 아이 등 준비가 안 된 아이들이 즐비하다. 그래서 시험은 시작부터 삐걱거리고 심지어 교사에게 혼나서 시험을 망치는 경우가 자주 발생한다. 받아쓰기 공책, 잘 깎은 연필 3자루, 지우개 등은 받아쓰기 시험의 필수 준비물임을 기억해야 한다.

받아쓰기 시험 사후 처리 요령

받아쓰기 시험지를 채점한 후 나눠주면 100점 받은 아이들은 난리가 난다. 광복의 기쁨이 이보다 더할까 싶을 정도다. 심지어 하교할 때 시험지를 가방에 넣지도 않고 손에 들고 간다. 이 기쁜 소식을 초조와 불안에 떨고 있을 부모님께 빨리 전해야 하는 마음으로 개선장군처럼 학교를 나선다. 반면 받아쓰기 점수가 낮은 아이들은 나라를 잃은 슬픔보다 더 큰 비통한 마음을 가지고 하교하곤 한다. 받아쓰기 시험은 아이들이 처음 맛보는 공부의 참맛이자 쓴맛이기도 하다.

사실 받아쓰기 시험을 본 다음 점수보다 더 중요한 것이 바로 사후 처리다. 잘 보면 잘 본 대로 못 보면 못 본 대로 부모가 적절한 대응을 해야 아이가 성장과 발전의 기회를 가질 수 있기 때문이다. 아이가 시험을 잘 봤다면 충분한 칭찬과 격려를 해준다. 어떤 부모는 겨우 받아쓰기 100점을 가지고 무슨 호들갑을 떠느냐는 식의 반응을 보이기도 하는데 그렇지 않다. 아이가 노력한 부분에 대해서는 확실하게 칭찬을 해줘야 한다. 하지만 시험 점수와 물질적인 보상을 너무 직접적으로 연결하는 건 삼가도록 한다.

아이가 시험을 못 봤다면 조금 더 사후 처리에 신경을 써야 한다. 우선 좋지 않은 시험 점수가 자녀의 공부 정체성에 부정적인 영향을 끼치지 않도록 최대한의 노력을 기울인다. 부모가 점수에 대해 어떤 반응을 보이느냐에 따라 자녀의 공부 정체성이 달라질 수 있기 때문이다. 또한 부모는 점수가 좋지 않게 나온 이유에 대해 자녀와 이야기를 나눈다. 열심히 공부를 안 해서인지, 너무 뒷자리라 선생님의 목소리가 잘 들리지 않아서인지, 준비물을 깜빡해서인지 등 정확한 이유를 파악한다. 그 후 자녀에게 충분한 소명을 들어보고 그에 맞는 대처법을 강구하면 된다.

매일매일 글로 쓰면 기적이 일어난다

'글로 쓰면 기적이 일어난다'는 서양 속담이 있다. 이 말처럼 글로 쓰면 여러 가지 기적이 일어난다. 산만하게 흩어졌던 것들이 정리되고, 보이지 않던 것들이 보이며, 알고 있던 것들이 더 확실해지고, 무의미한 것들이 의미를 가지기 시작한다. 쓰기는 언어 소통 능력(말하기, 듣기, 읽기, 쓰기) 중에서도 가장 최고봉에 해당하는 능력이다. 글을 쓰려면 기본적인 지식뿐만 아니라 사고력과 통찰력이 필요하며 표현력까지 갖춰야 하기 때문이다.

글쓰기 능력을 향상시키는 가장 좋은 방법은 최대한 많이 써보는 것이다. 이런 면에서 일기 쓰기는 아이의 글쓰기 능력을 향상시킬 수 있는 가장 효과적인 방법이다. 일기를 자주 쓰다 보면 자신도 모르는 사이에 글쓰기 체계(주제 결정하기 → 글감 찾기 → 계획 수립하기 → 구성하기(얼개 짜기) → 표현하기 → 글다듬기)가 체득되어 그 어떤 글을 쓰더라도 자신 있게 임할 수 있다.

또한 일기를 자주 쓰다 보면 관찰력이 좋아진다. 일기를 잘 쓰기 위해서는 사람이나 사물에 대한 세세한 관찰력이 필요하다. 보이는 부분뿐만 아니라 사람의 심리 등 보이지 않는 부분까지도 볼 수 있는 눈이 있어야 좋은 일기를 쓸 수 있다. 그리고 이런 눈을 가진 아이는 자신만의 통찰력을 지니게 된다. 통찰력은 앞으로 아이가 살아가야 할 시대에 반드시 갖춰야 할 능력 중 하나다.

'문장은 눈과 귀로 들어와 혀와 펜으로 나간다'고 했다. 자신의 일상을 한 줄이라도 매일 써본 아이와 그렇지 않은 아이는 멀지 않은 장래에 차이가 날 수밖에 없다. 생각 없이 말할 수는 있어도 생각 없이 쓸 수는 없다. 자신의 일상을 생각하며 한 줄 한 줄 일기를 쓰다 보면 어느 순간 기적은 일어나기 마련이다.

• 초등 생활에서 글쓰기의 중요성 •

초등학교 수업 시간은 크게 3가지로 구성된다. 읽기, 활동, 쓰기이다. 어떤 주제에 관련하여 교과서나 관련 자료를 읽고, 그에 해당하는 활동을 한다. 그리고 활동 중간 중간 혹은 최종적으로 쓰기로 마무리가 된다. 읽기와 활동이 제대로 이루어졌느냐 아니냐는 최종 결과물인 쓰기를 보면 알 수 있다. 국어, 수학, 사회, 과학 같은 중요 과목은 모두 읽기, 활동, 쓰기로 구성되어 있다고 해도 과언은 아니다.

국어 시간은 먼저 배우는 주제와 관련된 지문을 읽는다. 그리고 그 지문을 제대로 이해했는지를 묻는 물음에 답을 써야 한다. 이 과정이 끝나면 어김없이 본격적인 쓰기 활동이 찾아온다. 예를 들어 설명하는 글을 배우면 설명하는 글을 써본다든지, 편지글을 배우면 편지를 써보는 활동으로 끝나는 식이다

수학은 쓰기와 거리가 먼 것 같지만 크게 다르지 않다. 배워야 할 수학 개념을 배우는 과정에서 수도 없이 나오는 문장이 '이야기해 보세요', '나타내어 보세요', '이유를 써 보세요', '과정을 써 보세요','구해 보세요' 이런 문장들이다. 표현은 조금씩 다르지만 모두 쓰기와 관련된 활동이다. 쓰기가 안 되는 아이들은 수학이 어렵게 느껴지고 못할 수밖에 없다.

사회는 어떨까? 사회는 어떤 주제에 대해 배우고 결과물로 조사 계획서나, 조사 보고서를 작성하는 내용이 많다. 보고서에는 조사 목적, 조사 방법, 조사 내용, 알게 된 점, 느낀 점, 더 알고 싶은 점 등이 빠짐없이 들어가야 하고 알기 쉽고 조리 있게 표현을 해야 한다. 고급스러운 글쓰기 능력이 필요하다.

과학은 주로 실험을 많이 진행한다. 먼저 실험 내용에 해당하는 교과서를 읽거나 교사가 제시하는 자료 등을 읽는다. 내용 이해를 한 후 실험 계획 등을 세우고 실제 실험 활동을 진행한다. 실험을 한 후에는 실험 결과를 실험 관찰 교과서에 정리하거나 혹은 실험 보고서를 작성한다. 과학 역시도 쓰기와 떼려야 뗄 수 없는 과목이다.

이런 쓰기 활동들은 대부분 수업 시간의 최종 단계에서 꼭 이루어지는 활동 중 하나이다. 쓰기를 잘하기 위해서는 그 이전 단계인 읽기나 활동을 꼼꼼하고 완전하게 수행해야 한다. 또한 글을 쓸 줄 알아야 자신이 아는 것이나 활동한 것들을 효과적으로 표현할 수 있다. 쓰기가 어떤 활

동보다 중요한 이유이다. 이런 이유 때문에 교사가 아이에 대해 평가하는 대부분은 아이가 쓴 '쓰기'인 경우가 대부분이다. 글쓰기를 못하면 좋은 평가를 받을 수 없는 이유이다.

쓰기는 학교 공부 시간에만 중요한 것이 아니다. 학교에서 일명 '숙제'라고 내주는 활동은 쓰기와 관련 있는 경우가 대부분이다. 일기 쓰기, 보고서 작성하기, 보조 교과서(국어활동, 수학익힘, 실험관찰 등) 풀어 오기, 독후감 쓰기 등등 굵직하고 빈번한 숙제들은 대부분 쓰기와 관련되어 있다. 이렇다 보니 쓰기를 어려워하거나 싫어하는 아이들은 학교생활이 즐거울 리 없다.

잘 드러나진 않지만 학교생활 전반에 걸쳐 엄청난 영향을 끼치는 것이 바로 '글쓰기'이다. 아이를 돋보이게 하고 싶고 학교생활을 즐겁게 하기를 바란다면 아이의 글쓰기를 점검해줄 필요가 있다.

•세상에서 가장 쉬운 일기 쓰기•

2학년 아이들이 쓴 서로 다른 두 편의 일기를 통해 일기 쓰는 방법에 대해 살펴보자.

글감을 찾는다

대부분 일기를 쓸 때 가장 먼저 하는 고민은 '무엇을 쓸까?'다. 이러한 질문이 바로 글감을 찾는 과정의 시작이다. 여행을 다녀왔다든지, 친구의 생일 파티에 초대를 받았다든지 등 특별한 일이 있는 날은 글감을 찾기가 수월하다. 하지만 살다 보면 특별한 날보다는 평범한 날이 훨씬 많다.

(가)

3월 15일 화요일

제목 : 카레라이스는 맛있어　　　　날씨 : 봄바람이 새싹에 놀러온 날

오늘 엄마께서 카레라이스를 해주셨다.
나는 엄마께서 해주시는 카레라이스가 제일 좋다.
스키장에서도 카레라이스를 먹어봤는데, 맛이 없었다.
우리 집에서 먹는 카레라이스는 닭고기, 당근, 감자, 양파 등이 들어 있어서
아주 맛있다. 우리 아빠께선 늘 이렇게 말씀하신다.
"당신 음식 솜씨는 세상에서 최고야!"
나도 엄마처럼 맛있는 요리를 만들 수 있었으면 좋겠다.

(나)

3월 21일 월요일

제목 : 병원　　　　날씨 : 맑음

내가 아파서 병원에 갔다. 주사를 맞을까 봐 무서웠다.
그런데 주사를 맞지 않았다. 다행이라고 생각했다.
할머니께서 약국에 가자고 말씀하셨다.
약을 짓고 집으로 돌아갈 때 가게에 들러서 과자를 하나 샀다.
내가 사달라고 하지도 않았는데 사주셨다.
나는 그런 할머니가 좋다.

그러므로 대개는 일상에서 일어났던 일 중 특정 사건에 의미를 부여해 자신의 생각과 느낌을 담아서 쓰면 된다. (가)와 (나)는 모두 아이들이 평범한 일상에서 글감을 찾아 쓴 일기다. 글감 찾기는 일기 쓰기의 절반이라

고 해도 될 만큼 중요한 작업이다. 글감을 잘 찾으려면 관찰력은 물론 생각과 느낌이 풍부해야 한다. 그리고 글감을 찾았다면 (가)처럼 느낌을 듬뿍 담아서 자세하게 표현할 수도 있고, (나)처럼 대표적인 낱말로만 쓸 수도 있다. 둘 다 괜찮지만 (가)의 방식이 조금 더 바람직하다.

날씨를 자세히 쓴다

날씨는 일기의 필수 요소다. 대부분의 아이들은 일기에 날씨를 쓸 때 (나)처럼 맑음, 흐림, 비 등 뻔한 표현을 사용한다. 하지만 (가)처럼 조금 더 구체적으로 쓰게 하는 편이 좋다. 예를 들면 '봄바람이 꽃잎에게 놀러 온 날', '눈이 팝콘처럼 펑펑 내리는 날', '하늘이 샤워를 하고 싶은 날' 등과 같이 말이다. 이처럼 자세히 날씨를 쓰다 보면 표현력이 풍부해지는 것은 물론 관찰력 또한 좋아진다.

한 가지 주제로 쓴다

일기 쓰기에서 가장 중요한 부분이다. 저학년은 말할 것도 없고 고학년이 되어서도 이를 제대로 실천하는 아이들이 거의 없다. 많은 아이들이 일기를 쓰라고 하면 하루 일과를 그저 나열식으로 늘어 놓는다. 한 가지 주제로 글을 쓰는 데 미숙하기 때문이다. 주제 측면에서 볼 때 (가)는 정돈된 느낌이 들지만, (나)는 다소 산만하다. (가)는 '카레라이스'라는 한 가지 주제로 일기를 쓴 반면, (나)는 한 편의 일기 속에 '병원'과 '할머니'라는 두 가지 주제가 혼재되어 있기 때문이다. 일기를 쓸 때 한 가지 주제로 쓰지 않으면 분위기가 산만해져 글의 질이 떨어지고 읽는 사람도 혼란스러워진다. 결국 글은 분량보다는 통일성이 더 중요하다.

느낌이나 생각이 담긴 문장을 많이 쓴다

일기가 재미있고 오랫동안 뇌리에 남으려면 느낌이나 생각이 담긴 문장을 최대한 많이 써야 한다. 아이가 쓰는 일기는 『조선왕조실록』처럼 역사의 기록이 아니다. 일상과 사실은 개인의 생각과 느낌에 의해 재해석될 때 비로소 가치가 있는 법이다.

대화체를 쓴다

일기를 쓸 때 최대한 대화체를 많이 쓰게 한다. 대화체가 없는 일기는 굉장히 밋밋하기 때문이다. 대화체는 일기를 생동감 넘치게 만들어준다. 사실 (나)는 대화체를 단 한 문장도 쓰지 않았다. 여기에 다음과 같이 대화체를 한두 문장만 집어넣어도 글의 분위기가 확 달라진다.

3월 21일 월요일

제목 : 병원 날씨 : 맑음

내가 아파서 병원에 갔다. 주사를 맞을까 봐 무서웠다.
그런데 주사를 맞지 않았다.
"휴~ 다행이다."
"자! 약국가자!"
할머니께서 말씀하셨다.
약을 짓고 집으로 돌아갈 때 가게에 들러서 과자를 하나 샀다.
내가 사달라고 하지도 않았는데 사주셨다.
나는 그런 할머니가 좋다.

일기를 평가한다

아이가 스스로 일기를 평가할 수 있게 해준다. 일기를 쓸 때 주의할 점이 담긴 평가서를 만들어 활용하면 일기 쓰기 실력이 점점 발전하는 것을 확인할 수 있다. 다음 표는 일기 평가서의 간단한 예시다.

평가 항목	배점	평가
글감이 하나인가?	10	
날씨와 제목을 썼는가?	10	
중심 생각을 잘 나타냈는가?	10	
정직하게 썼는가?	10	
필요 없는 말을 쓰지 않았는가?	10	
대화체를 썼는가?	10	
띄어쓰기는 충분히 되었는가?	10	
꾸며주는 말을 넣어서 썼는가?	10	
생각이나 느낌을 많이 썼는가?	10	
글씨를 정성껏 썼는가?	10	
합계	100	

● 세상에서 가장 재미있는 일기 쓰기 ●

일기를 그날 있었던 일을 기록하는 것으로 한정하지 않고 내용이나 형식 등을 확장하면 굉장히 다양하고 재미있게 쓸 수 있다. 수학 일기, 고전 일기, 영어 일기, 편지 일기, 동시 일기, 기행 일기, 요리 일기,

NIE(Newspaper In Education, 신문 활용 교육) 일기, 영화 감상 일기 등 그 형식은 헤아릴 수 없이 많다. 이처럼 다양하게 일기를 쓰면 매일매일 쓰는 일기의 식상함을 극복할 수 있고, 여러 가지 교육적 효과 또한 볼 수 있다. 일기만 잘 활용해도 내 아이를 생각이 깊은 아이, 공부를 잘하는 아이로 만들 수 있다. 다음은 아이들이 쉽고 재미있게 쓸 수 있는 일기의 몇 가지 형식이다.

수학을 깊이 공부할 수 있는 '수학 일기'

수학 일기는 수학 시간에 배운 내용을 바탕으로 일기를 쓰는 것이다. 수학 일기를 쓰면 수학적 지식이나 개념 원리 등을 더 깊이 이해하게 된다. 또한 수학 일기는 수학에 대한 아이의 태도와 마음 가짐을 긍정적으로 바꿔준다. 더 나아가 수학 시간에 조금 더 집중할 수 있도록 도와준다. 수업을 열심히 들어야 일기를 쓸 수 있기 때문이다.

제목 : 사각형

오늘 수학 시간에 사각형을 배웠다.
도형 배우기는 재미없을 줄 알았는데 정말 재미있었다.
오늘 배운 내용은 사각형은 네 개의 선분으로 둘러싸인 도형이라는 것과
사각형의 특징이다.
사각형의 첫 번째 특징은 꼭짓점이 네 개다.
두 번째는 변이 네 개다.
세 번째는 네모 모양이다.
이렇게 내가 잘 모르는 도형에 대해 공부하니 정말 좋고 뿌듯하다.

생각과 마음을 전할 수 있는 '편지 일기'

아이들은 편지 쓰기를 좋아한다. 일상생활 속에서 자주 쓰며, 비교적 간단히 쓸 수 있기 때문이다. 보통 가족이나 친구에게 많이 쓰는데, 조금 더 나아가 책의 주인공에게 편지를 쓰게 하면 편지 쓰기의 대상이 보다 다양해질 뿐만 아니라 독후 활동으로도 손색이 없다. 주인공에게 편지를 쓸 경우 잘한 점이나 훌륭한 점, 혹은 본받고 싶은 점 등을 대화하듯이 쓰게 하면 된다. 다음은 『강아지 똥』을 읽고 쓴 편지 일기다.

> 제목 : 강아지똥
>
> 강아지똥아!
> 흙이랑 닭이 놀려서 슬펐지?
> 그리고 민들레한테 도움이 돼서 기뻤지?
> 나도 너처럼 누군가에게 놀림을 받을 때도 있지만 누군가에게 도움이 되기도 해.
> 살다 보면 못하는 것이 있지만, 잘하는 것도 분명히 있으니까 실망하지 마.
> 그리고 어떤 것을 해야겠다고 목표를 정해서 열심히 노력하면
> 잘하는 것이 생기고 못하는 것이 줄어들 거야.

상상력을 마음껏 표현할 수 있는 '동시 일기'

인생에 있어 가장 왕성한 상상력을 자랑하는 때가 바로 초등 2학년 시기다. 이때의 아이들은 한 치의 망설임도 없이 동시를 척척 잘 짓는다. 이런 점을 파악해 매일 줄글로 쓰는 일기에서 벗어나 가끔씩 동시 일기를 쓰게 하면 좋다. 특히 초등 2학년 때는 국어 시간에 의성어나 의태어를 많이 배우므로 동시 일기를 쓸 때 이를 잘 활용하면 조금 더 생동감 넘치는 글을 쓸 수 있다.

내 공책	딱지치기
연필에게 긁히느라 힘들었지?	퍽! 딱지치는 소리에
좁은 책꽂이에 있느라 불편했지?	휙! 뒤집어지는 딱지
사람 손에 눌려서 아팠지?	헉! 감탄하는 친구들
찢어지고 젖어서 슬펐지?	와! 딱지왕의 탄생
미안하고 고마운 내 공책	

상황을 머리에 그려볼 수 있는 '대본 일기'

대본 일기는 어떤 사건에 대해 영화나 연극의 대본처럼 대화로 쓰는 일기를 뜻한다. 줄글로 쓰는 것보다 훨씬 생동감이 느껴지며, 당시 상황을 머리에 그려봄으로써 상상력 또한 좋아질 수 있다.

제목 : 사각형

선생님: 얘들아, 수학 시간이에요.

아이들: 아이구, 또 지루한 수학 시간이구나.

선생님: 오늘은 사각형에 대해 배울 거예요. 교과서 42쪽.

아이들: 아, 싫은데…….

선생님: 사각형의 뜻을 아는 사람?

아이들: ……

선생님: 아무도 없나요? 아직 모르는군요.

'사각형은 네 선분으로 둘러싸인 도형이다',

이걸 외우세요.

아이들: 이걸 외우라고요?

선생님: 그럼요.

아이들: 선생님, 너무해요.

선생님: 선생님이 그럴 줄 알고 사각형 노래를 준비했어요.

노래를 부르다 보면 금방 외울 수 있어요.

아이들: 빨리 알려주세요.

선생님: ♪사각형은 네 선분으로 둘러싸인 도형이다~♬

아이들: 와! 수학이 이렇게 재미있는지 처음 알았어요!

수학에 자신감을 불어넣는 연산 능력

초등학교 3학년 수학 시험 시간, 20분 정도 지나자 이런 말이 들려온다.

"선생님, 저 다 했어요. 이제 뭐해요?"

한 아이가 이 말을 하자마자 여기저기서 기다렸다는 듯 난리가 난다. 한 번 더 검토를 해보라고 해도 막무가내다. 어떻게 할까 고민하다가 시험지를 낸 다음 책을 읽으라고 했다. 30분이 지나자 거의 모든 아이들이 시험지를 제출했다. 마침내 시험 시간의 끝을 알리는 종이 울렸다. 하지만 한 남자아이가 울상이 되어 있었다. 시간을 조금만 더 주면 안 되겠냐고 하소연을 했다. 시험지를 살펴보니 아직도 20개의 문제 중 예닐곱 개는 손을 대지 못한 상태였다. 사정이 딱했지만 시험의 공정성을 위해 어쩔 수 없이 시험지를 걷고 말았다.

나중에 이 아이의 시험지를 채점해보니 푼 문제는 모두 맞았다. 하지만 풀지 못한 문제가 많았기 때문에 점수가 좋지 않았다. 원인은 연산 속도 때문이었다. 연산이 느리다 보니 '27×34'처럼 복잡한 문제를 풀기엔 시간이 부족한 것이었다. 사소한 연산으로 인해 수학 시험에서 좋은 점수를 받지 못하고, 또 수학에 대한 자신감마저 떨어진 아이가 참으로 안타까울 따름이었다.

• 초등 2학년 때까지의 연산 훈련이 초등 수학을 책임진다 •

학부모를 대상으로 한 강연에서 초등 2학년 때까지는 꼭 연산 훈련을 시켜야 한다고 하면 다음과 같은 반응이 나타난다.

"연산 훈련을 꼭 해야 하나요?"
"요즘은 창의력 수학, 문제 해결력 수학이 대세라고 하던데요?"
"연산 훈련은 한물간 구닥다리 아닌가요?"

사실 초등 저학년 수학에서 연산이 얼마나 절대적인 영향을 끼치는지 잘 모르고 하는 말이다. 먼저 양적인 측면에서 연산은 초등 저학년 수학의 절반 이상을 차지한다.

1학년 ⇒ 11개 단원 중 6개 단원
2학년 ⇒ 12개 단원 중 5개 단원

초등학교 수학은 수와 연산, 도형, 측정, 규칙성, 확률과 통계의 5가지 영역으로 이뤄져 있다. 하지만 초등학교에서 주로 다루는 건 수 연산, 도형, 측정의 3가지 영역이다. 그중에서도 저학년은 수와 연산 영역이 절반 이상을 차지한다. 도형과 측정 부분에서 나오는 연산까지 포함하면 연산이 수학의 70% 이상을 차지한다고 해도 과언은 아니다. 이런 이유 때문에 '연산을 잘하면 수학을 잘한다'는 말이 일정 부분은 맞는 이야기인 것이다. 특히 초등 2학년 때까지 이 말은 거의 진리에 가깝다.

대부분의 부모들이 연산을 등한시하는 이유 중 하나는 연산이 추후 아이의 수학 실력에 얼마나 심각한 영향을 끼치는지 잘 모르기 때문이다. 초등 2학년 때까지의 연산은 그 자체만으로도 중요하다. 하지만 고학년으로 갈수록 연산은 그 자체로 중요하다기보다는 수단으로서의 가치가 더 크다. 대개 수학 문제 풀이를 위한 도구로 사용된다. 그렇기 때문에 저학년 때 연산 훈련을 어떻게 했느냐에 따라 고학년 때 수학 실력에서 엄청난 차이가 난다. 가장 눈에 띄는 차이는 수학에 대한 자신감이다. 연산이 빠르고 정확한 아이들은 대부분 수학에 대한 자신감이 넘쳐난다. 아이들은 대개 계산을 잘하면 수학을 잘한다고 생각하기 때문이다. 그리고 연산이 빠르고 정확하면 시험 시간을 여유 있게 운용할 수 있다. 하지만 연산이 느린 아이들은 시험 시간이 항상 부족하다. 다음의 연산 문제를 살펴보자.

2학년 수학 연산 문제	6학년 수학 연산 문제
[문제] 27+48=□ **[풀이 과정]** 눈에 힘만 한번 준다.	**[문제]** $\frac{3}{4}+\frac{2}{3}-0.1=\square$ **[풀이 과정]** $\frac{3}{4}+\frac{2}{3}-0.1$ $=\frac{9}{12}+\frac{8}{12}-0.1=\frac{17}{12}-0.1$ $=\frac{17}{12}-\frac{1}{10}=\frac{85}{60}-\frac{6}{60}$ $=\frac{79}{60}=1\frac{19}{60}$

단순 연산 문제만 봐도 2학년과 6학년이 사뭇 다르다는 것을 알 수 있다. 2학년 문제는 눈에 힘만 한번 줘도 풀 수 있는 반면, 6학년 문제는 6단계를 거쳐야 겨우 답이 나온다. 이런 문제를 바탕으로 다음과 같은 객관식 문제가 나오면 어떨까?

2학년 수학 연산 문제	6학년 수학 연산 문제
[문제] 다음 중 계산한 결과가 가장 작은 것은 어느 것입니까? ( ) ① 24+57 ② 34+48 ③ 37+38 ④ 24+38 ⑤ 49+38	**[문제]** 다음 중 계산한 결과가 가장 작은 것은 어느 것입니까? ( ) ① $\frac{3}{4}+\frac{2}{3}-0.1$ ② $0.2+\frac{2}{3}-0.1$ ③ $0.7+\frac{3}{4}-\frac{2}{3}$ ④ $\frac{7}{4}+\frac{2}{3}-0.8$ ⑤ $\frac{3}{4}-\frac{2}{3}+0.5$

2학년 문제는 눈에 힘을 5번만 주면 정답을 찾을 수 있지만 6학년 문제는 정답을 찾기 위해 30번 이상 계산을 해야 한다. 상황이 이렇다 보니 저학년과 고학년의 수학 시험 시간은 확연한 차이를 보인다. 저학년들은 시험 시간이 불과 20분도 안 지났는데 다 풀었다며 난리가 난다. 시간이 남아 무료함에 하품을 하고 시험지를 더 빨리 걷으라고 보챈다. 하지만 고학년이 되면 상황은 완전히 역전된다. 유독 수학 시험 시간만큼은 긴장감이 돈다. 자칫하면 시간이 모자라기 때문이다. 시험 시간이 끝나는 종이 쳤는데도 몇 분만 더 달라는 아이들의 아우성이 들리곤 한다. 이처럼 저학년과 고학년의 수학 시험 시간 풍경이 다른 이유는 연산 때문이다. 그러므로 고학년 때 수학에 발목을 잡히지 않으려면 저학년 때부터 체계적인 연산 훈련을 반드시 해야 한다.

• 연산 훈련의 원칙과 방법 •

"선생님 저희 아들은 연산을 너무 싫어하는데 어떻게 해야 하나요?"

강연에서 1학년 학부모가 이런 질문을 했다. 언제부터 연산 훈련을 시켰냐고 되물었더니 유치원 때부터라고 했다. 그 말을 듣고 필자는 이렇게 답했다.

"연산 훈련을 너무 일찍 시작하셨네요. 그래서 아이가 질린 거지요. 연산 훈련은 빠르면 1학년 2학기 때부터 시작하면 좋답니다."

저학년 수학에서 연산이 중요하다고 하니 너무 일찍부터 연산 훈련을 시키는 부모들이 있다. 하지만 지나친 연산 조기 교육은 오히려 아이에게 독이 될 수 있으므로 반드시 주의해야 한다. 어떻게 하면 제때 올바른 연산 훈련을 할 수 있을까?

너무 일찍 시작하지 않는다

어떤 부모들은 초등학교 입학 전부터 아이에게 연산 훈련을 시킨다. 하지만 이는 굉장히 위험 부담이 크다. 연산 훈련은 반드시 개념 원리를 완벽하게 이해한 다음 시작해야 탈이 없고 의미가 있다. 입학 전에 아이가 연산 훈련을 열심히 해서 덧셈과 뺄셈을 빠르게 한다고 가정해보자. 과연 어떤 유익이 있을까? 현실적으로 별로 유익이 없다. 오히려 수학 수업 시간에 방해꾼이 될 확률만 높아진다. 1학년 1학기 때는 '2+3'과 같은 연산을 배운다. 교사는 이 내용을 가지고 1시간 동안 아이들과 씨름해야 한다. 그런데 이미 연산 훈련을 한 아이는 '5'라고 재빨리 답한 다음, 너무 쉽다고 하면서 교사의 설명은 들으려고도 하지 않는다. 부모에게 연산 훈련을 일찍 시킬 열정이 있다면 차라리 그 시간에 아이와 수학 놀이를 하거나 수학 동화를 한 권이라도 더 읽히는 편이 낫다. 연산 훈련은 입학한 후에 서서히 시작해도 늦지 않다. 빨리 시작하면 1학년 여름 방학이나 1학년 2학기 때가 좋다. 1학기 때 덧셈과 뺄셈의 개념 원리를 배웠기 때문에 이를 바탕으로 한 충분한 훈련이 필요한 시기이기 때문이다. 만약 아이가 연산 훈련을 거부한다면 2학년 때부터 시작해 천천히 접근시키는 게 무엇보다 중요하다.

속도보다는 정확도를 먼저 따진다

연산 훈련을 시작했다면 반드시 '속도'보다는 '정확도'를 중시해야 한다. 아이들은 이상할 정도로 속도에 집착한다. 누가 빨리하라고 독촉하는 것도 아닌데 기를 쓰고 빨리하려고 한다. 하지만 아무리 빨리 풀어도 결과가 틀리다면 별로 의미가 없다. 빨리 푸는 것에 집중한 나머지 자꾸 몇 개씩 틀리다 보면 아이는 본능적으로 자신의 계산 결과를 신뢰하지 못하게 된다. 계산 결과에 대한 신뢰 여부는 수학 공부를 하는 데 있어 굉장히 중요한 문제다. 속도만 강조하는 연산 훈련은 자칫하면 실수를 자주 하는 아이로 만들기 쉬우므로 처음부터 속도보다 정확도를 우선시하는 부모의 태도가 중요하다.

한 번에 많은 양을 시키지 않는다

'매일 조금씩'은 연산 훈련의 가장 주요한 원칙이라 할 수 있다. 하루에 연산 훈련 교재를 한두 장 정도 풀면 적당하다. 시중에 나와 있는 연산 훈련 교재는 한 장 푸는 데 약 5분이 걸린다. '이 정도 가지고 될까?' 싶지만 충분하다. 연산 훈련 시간이 너무 짧은 나머지 아이가 아쉽다는 생각이 들어 한 장 더 풀면 안 되냐고 묻는 정도가 가장 바람직하다고 할 수 있다. 그리고 적은 양을 집중해서 풀어야 하기 때문에 타이밍도 중요하다. 연산 훈련은 본격적인 수학 공부 직전에 하면 좋다. 수학 공부를 하기 전 5분 동안 연산 훈련을 실시하면 아이의 집중력이 좋아져 본 공부를 더욱 효율적으로 할 수 있다는 연구 결과가 많이 발표되어 있다.

오답이 많이 나오는 부분은 집중적으로 연습시킨다

아이에게 연산 훈련을 시키다가 유독 오답이 많이 나오는 부분이 있다면 집중적으로 연습을 시켜야 한다. 연산의 원리를 잘 모르거나 문제 풀이 알고리즘이 제대로 형성되어 있지 않으면 오답이 많이 나온다. 우선 이런 문제점을 보완한 후, 그다음 교재로 넘어 가기 전에 같은 교재를 한 권 더 구입해 오답이 많이 나오는 부분을 다시 한 번 풀어보게 하면 좋다.

연산 훈련이 효과적인 아이는 따로 있다

연산 훈련이 수학 실력 향상에 기여하는 바가 크기는 하지만 잘 맞는 아이가 있는가 하면 잘 맞지 않는 아이도 있다. 그러므로 부모는 자녀의 특성을 잘 살펴 연산 훈련을 실시해야 한다. 연산 훈련은 반복적인 것을 좋아하는 아이들에게 효과가 있다.

연산 훈련의 가장 큰 특징은 반복 숙달이다. 어제나 오늘이나 문제는 숫자만 바뀌고 똑같다. 이렇게 같은 내용을 매일 반복하는 것은 반복을 싫어하는 아이들에게는 여간 고역이 아니다. 자녀가 반복을 싫어한다면 훈련을 통한 연산 능력 향상은 재고해봐야 한다. 그리고 연산 훈련은 경쟁심이 강한 아이들에게 효과가 크다. 연산 훈련은 계산을 정확하고 빠르게 하는 것을 목적으로 하기 때문에 승부 근성이 강한 아이들의 향상 속도가 더 빠른 편이다.

연산 훈련에 주산을 활용한다

최근 주산이 다시 각광을 받기 시작했다. 주산은 연산 능력을 향상시키는 데 큰 도움이 된다. 그뿐만 아니라 듣기 능력과 집중력을 강화시키는 데도 좋다. 하지만 주산은 2년 이상 꾸준히 해야 제대로 효과를 볼 수 있기 때문에 장기적으로 보면서 시도를 해야 한다.

엄마표 연산 훈련 교재

연산 훈련 방법은 크게 두 가지다. 엄마가 직접 연산 훈련 교재를 사용해 시키는 방법과 학습지를 구독해 시키는 방법이다. 학습지로 연산 훈련을 시킬 경우 엄마가 조금 덜 부담스러울 수는 있겠지만 그래도 일정 부분은 신경을 써야 한다. 게다가 비용 문제도 있다. 이런 이유로 연산 훈련은 엄마가 조금 귀찮더라도 직접 하는 편이 좋다. 아이의 특징 및 수준에 따라 연산 훈련 교재를 잘 선택해 꾸준히만 하면 된다.

●『기적의 계산법』(길벗스쿨)

초등 1학년부터 6학년까지 학년별로 2권씩 총 12권으로 구성되어 있다. 하루에 한 장씩 풀면 일주일에 한 단계를 끝낼 수 있으며, 3개월 정도 꾸준히 풀면 한 권을 뗄 수 있다. 학교 교육 과정에 따라 단계가 구성되어 수업에도 많은 도움을 받을 수 있다. 특히 계산이 느리거나 연산 실수가 잦은 아이에게 권하고 싶다. 1학년은 1권부터 시작하면 되고 2학년은 3권부터 시작하면 된다.

●『기탄수학』(기탄교육)

A단계(유아 4~5세)부터 M단계(예비 중3)까지 각 단계마다 5권으로 구성되어 있다. 하루에 5~10분 정도 공부할 수 있는 분량으로 내용이 나눠져 있으며, 반복 학습적인 요소가 강한 편이다. 비교적 치밀하게 설계되어 개인별로 맞춤 학습이 가능하다는 장점이 있다. 그리고 각 장마다 '표준 완성 기간 평가 시스템'이 있어 자녀의 학습 능력을 정확하게 파악할 수 있으며, 학습 성취도 또한 평가할 수 있다. 1학년은 E단계를 기준으로 시작하되, 자녀의 수준에 따라 D단계나 F단계도 고려해볼 수 있다. 2학년은 F단계부터 시작하면 된다.

● 『1일 10분 초등 메가 계산력』(메가스터디북스)

초등 1학년부터 6학년까지 학년별로 2권씩 총 12권으로 구성되어 있다. 이 책은 아이들이 수학을 어려운 과목, 지루한 과목이라 여길 수 있다는 점을 충분히 고려해 수의 흐름에 따른 반복 학습 시스템인 '플로 스몰 스텝(Flow Small Step)'으로 자연스럽게 개념과 원리를 깨우칠 수 있도록 내용을 구성했다. 연습, 반복, 완성의 단계로 이뤄져 있으며, 스스로 학습하면서 계산력을 향상시킬 수 있다. 1학년은 1권부터 시작하면 되고 2학년은 3권부터 시작하면 된다.

개념 원리에 충실한 공부는 힘이 세다

언젠가 부모 대상의 수학 교육 강연에서 '='의 이름을 물었더니 한 엄마가 자신 있게 '니꼬르'라고 답했다. 수업 시간에 2학년 아이들한테도 같은 질문을 했더니 대다수 아이들이 '는'이라고 이야기한다. 그때 갑자기 한 여자아이가 "저게 왜 '는'이야?"라고 말한다. 모처럼 '='의 이름을 정확히 알고 있는 아이인가 싶어 기쁜 마음에 물었더니, 그 아이가 "'은'이요" 라며 천연덕스럽게 말하는 것이 아닌가. 정말 실소를 금치 못했다. 어른이나 아이나 오십보백보다.

1학년 수학 시험에 '6-2=□+1'과 같은 문제를 내면 절반 이상의 아이들이 틀린다. 대다수가 '4'라고 답을 적는다. 아주 쉬운 연산 문제인데 왜 그런 것일까? 아이들이 수학 기호인 '='의 개념을 잘 모르기 때문이다. 사실 개념은 고사하고 이름조차 제대로 아는 아이들이 거의 없다. '='는 엄연히 '등호'라는 이름이 있고, 이것의 정확한 의미는 '왼쪽(좌변)과 오른쪽(우변)이 같을 때 사용하는 수학적 기호'다. 하루에도 수십 번씩 등호가 들어간 수학식을 보고 문제를 푸는데도 개념을 잘 모르는 건 수학을 암기과목처럼 맹목적으로 공부해서다. 이렇게 해서는 아무리 공부해도 재미가 없고 점수도 잘 나오지 않는다.

● 수학 잘하는 아이들이 이구동성(異口同聲)으로 하는 말 ●

"수학에 나오는 용어조차 잘 모른다면 문제를 제대로 풀 수 없어요. 개념과 원리를 이해하지 않고 문제만 많이 풀어선 실력이 늘지 않습니다. 어떤 과목보다 기본 개념이 중요한 과목이 바로 수학이니까요."

제50회 국제수학올림피아드(International Mathematical Olympiad, IMO)에서 당당히 은상을 받았던 당시 서울과학고등학교 1학년 류영욱 학생이 인터뷰에서 한 말이다. 수학의 신이라 불릴 만한 학생의 입에서 나오는 이야기가 다름 아닌 개념 원리의 중요성이다.

학교에서도 수학을 잘하고 좋아하는 아이들에게 그 이유를 물어보면 류영욱 학생과 비슷한 말을 한다.

"수학은 사회처럼 외울 것도 많지 않고, 몇 가지만 알면 쉽게 공부할 수 있거든요."

수학을 싫어하는 아이들이 들으면 기가 찰 답변이다. 오히려 이런 아이들은 수학이 너무 복잡해서 싫다고 이야기한다. 수학을 잘하고 좋아하는 아이들이 말하는 '알아야 하는 몇 가지'가 바로 수학의 개념이다. 하지만 우리는 정작 수학의 개념이 무엇인지 잘 모르는 경우가 더 많다. 어떤 사람은 개념을 수학 공식이라고 생각해 공식만 줄줄 외우기도 한다. 그러면서 수학 점수가 낮다고 툴툴댄다. 당연히 그럴 수밖에 없다. 수학 공식을 외우는 것은 개념 중심으로 공부하는 방법이 아니기 때문이다.

• 개념은 눈덩어리와 같다 •

구구단을 외우는 아이는 곱하기의 개념을 정확히 알고 있을까? 아니면 그저 공식을 외우는 것일까? 구구단은 일반적인 공식 외우기로, 3×4가 12라는 결과를 안다고 해서 곱하기의 개념을 알고 있는 건 아니다. 3×4의 정답이 왜 12인지 수학적으로 설명할 수 있어야 곱하기의 개념을 정확히 알고 있는 것이다. 구구단은 2학년 1학기 때 처음으로 배우는데, 이때 등장하는 개념이 '동수누가(同數累加)'다. 즉, 다음 그림과 같이 같은

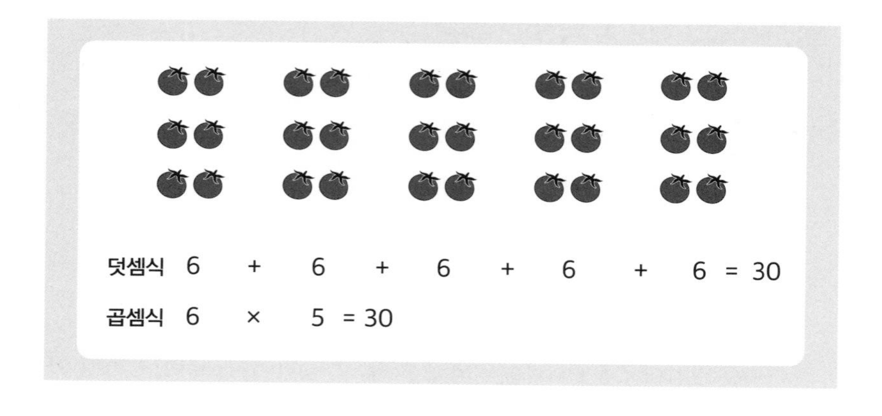

수를 반복해서 더한다는 의미다.

결국 '6+6+6+6+6=6×5'가 된다. 여기서 '6×5'의 개념은 '6을 5번 더 한다'이다. 즉 '곱하기'의 개념이 '앞에 있는 수를 뒤에 있는 번수만큼 더 한다'임을 알 수 있다. 곱하기의 개념을 정확히 알고 있는 아이라면 2학년이라도 '20×3'과 같은 문제를 풀 수 있다. '20×3=20+20+20=60'이기 때문이다. 하지만 2학년 아이들에게 '20×3'이란 문제를 내면 대부분 풀지 못하거나 엉뚱한 답을 내놓는다. 왜 그러냐고 물어보면 이렇게 대답한다.

"안 배웠어요."
"저는 구구단 9단까지밖에 못 외웠는데요?"

언젠가 아이들에게 '☆×2'의 답이 무엇이냐고 물었다가 이상한 선생님 취급을 받은 적도 있다. 어떻게 별에다 2를 곱하느냐고 난리가 난 것이다. 곱하기 개념을 모르는 아이들은 '☆×2'는 '☆+☆'과 같으며, 그래서 정답이 쌍별이라는 사실을 절대 알지 못한다. 안타깝지만 이것이 현실이다. 구구단을 9단도 모자라 19단까지 외우지만 정작 곱하기의 개념조차 모르는 아이들이 즐비한 것이다.

눈을 뭉쳐 눈사람을 만든다고 가정해보자. 처음에 눈덩이는 잘 뭉쳐지지도 않을 뿐더러 크기도 더디게 커진다. 하지만 한번 잘 뭉쳐지기 시작하면 눈덩이의 크기는 기하급수적으로 커진다. 수학에서 개념 원리에 충실한 공부가 이와 같다. 개념 원리에 충실한 수학 공부는 시간도 오래 걸리고 쉽지 않지만 결국엔 수학을 잘할 수 있는 지름길이 된다.

개념 원리에 충실한 수학 공부법

"나는 나누기 개념을 수학 교수가 되고 나서야 제대로 알게 되었다."

필자의 대학 시절 수학과 교수가 고해성사처럼 한 말이다. 우리나라 수학 교육의 현실을 잘 보여주는 말이기도 하다. 개념 원리에 충실한 공부를 해야 수학을 잘할 수 있다고 모두 입을 모아 이야기하지만 실은 쉽지 않은 것이다. 어떻게 해야 개념 원리에 충실한 수학 공부를 할 수 있을까?

가르치는 사람이 개념 원리를 제대로 알아야 한다

아이에게 수학을 가르치는 사람인 교사나 부모가 수학의 개념 원리를 제대로 알고 있어야 한다. 만약 교사나 부모가 개념 원리를 잘 모른다면 아이는 수박 겉핥기식으로 공부할 수밖에 없다. 그리고 직접 가르치지 않더라도 개념 원리는 알고 있어야 한다. 그래야 아이가 올바른 방법으로 공부하고 있는지 분별할 수 있기 때문이다.

수학 교과서를 반복해서 읽고 풀어본다

개념 원리에 충실한 공부를 할 수 있는 가장 현실적인 방법은 수학 교과서를 반복해서 읽고 풀어보는 것이다. 요즘 수학 교과서는 예전에 비해 훨씬 개념 원리에 충실하게 집필됐다. 그래서 동화책을 읽듯이 수학 교과서를 반복해서 읽고 문제를 풀다 보면 부지불식간에 수학의 개념 원리를 터득하게 된다. 몇몇 아이들은 교과서를 등한시하고 문제집만 열심히 풀기도 하는데 이는 상당히 어리석은 일이다. 문제집은 개념 원리에 대한 자세한 설명 없이 문제로만 구성되었기 때문에 어떤 면에서는 공부에 방해물이 될 수도 있기 때문이다. 가급적 수학 교과서는 여분으로 한 권 더 구입해 집에서도 시간이 날 때마다 읽고 풀어보게 하는 편이 좋다.

수학 동화를 적극 활용한다

2학년 수학 시간, 길이의 단위인 '미터(m)'를 가르치는데 한 남자아이가 이런 말을 했다

"선생님, 미터는 빛이 진공 상태에서 1/3억 초 동안 간 거리라고 하던데요?"
"그래? 넌 그걸 어떻게 알았어?"
"제목은 생각이 안 나는데요, 어떤 동화책에서 봤어요."

놀랍게도 아이는 '광년'이라는 말도 알고 있었다. 2학년이지만 실력은 이미 6학년 그 이상이었다. 수학 동화는 흥미로운 이야기 속에 수학의 개념 원리를 자연스럽게 접목시킨 것으로, 아이가 수학을 거부감 없이 받아들이게 할 뿐만 아니라 수학적 기초까지도 다져준다. 수학 동화의 가장 큰 장점은 어려운 수학을 재미있게 배울 수 있다는 데 있다. 다음은 초등 2학년 아이들을 위한 수학 동화 리스트다.

제목	추천 연령	출판사
'로렌의 지식 그림책' 시리즈(4권)	4~8	미래아이
『펭귄 365』	4~8	보림
『덧셈놀이』『뺄셈놀이』『곱셈놀이』	6~9	미래아이
『수학의 저주』	6~9	시공주니어
'개념씨 수학나무' 시리즈(67권)	6~11	그레이트북스
초등 저학년 수학동화 시리즈(7권)	8~11	동아엠앤비
『100층짜리 집』	7~8	북뱅크
『수학마녀의 백점 수학』	8~9	처음주니어
『수학은 너무 어려워』	8~9	비룡소
『호박에는 씨가 몇 개나 들어 있을까?』	8~9	봄나무
『내 맘대로 엉뚱 구구단』	8~10	천개의바람

초등 저학년 수학 주요 개념

● 덧셈

덧셈의 의미는 크게 '합병'과 '첨가'로 나뉜다. 합병은 두 양이 동시에 존재할 때 이들을 더해 전체를 구하는 방법이다. 그리고 첨가는 하나의 부분에 다른 부분을 추가해 전체를 구하는 방법이다.

구분	그림	표현
합병		• 2와 3을 더한다. ⇒ '~와(과) ~을(를) 더한다'와 같은 말로 표현된다.
첨가		• 5에다 2를 더한다. ⇒ '~에다 ~을(를) 더한다'와 같은 말로 표현된다.

성향에 따라 합병을 즐겨 쓰는 아이가 있는가 하면 첨가를 즐겨 쓰는 아이도 있다. 이는 대부분 부모나 교사의 영향 때문이다. 부모나 교사가 지나치게 편중된 합병 혹은 첨가의 표현을 사용하면 아이 역시 자연스럽게 그 영향을 받는다. 그러므로 두 가지를 적절히 섞어서 표현해주는 것이 좋다.

● 뺄셈

뺄셈의 의미도 크게 나머지를 구하는 '구잔(제거)'과 차를 구하는 '구차(비교)' 이렇게 두 가지로 나뉜다. 구잔은 전체에서 그중 한 부분을 제거해 나머지를 구하는 것이고, 구차는 두 부분을 일대일로 대응시킨 다음 나머지로 차이를 구하는 것이다.

구분	그림	표현
구잔 (제거)		■ 5에서 4를 뺀다. ⇒ '~에서 ~을(를) 뺀다'와 같은 말로 표현된다.
구차 (비교)		■ 8과 3의 차를 구한다. ⇒ '~와(과) ~의 차를 구한다'와 같은 말로 표현된다.

뺄셈도 편중된 표현을 즐겨 쓰는 아이들이 많다. 주로 구잔 표현을 많이 사용한다. 하지만 뺄셈에는 구차도 있음을 간과하지 말고 두 표현을 적당히 섞어서 쓰는 것이 바람직하다.

● 곱셈

곱셈의 개념은 여러 가지가 있지만 초등 2학년에서 배우는 내용은 '동수누가'다. 즉 같은 수를 반복해서 더한다는 뜻이다.

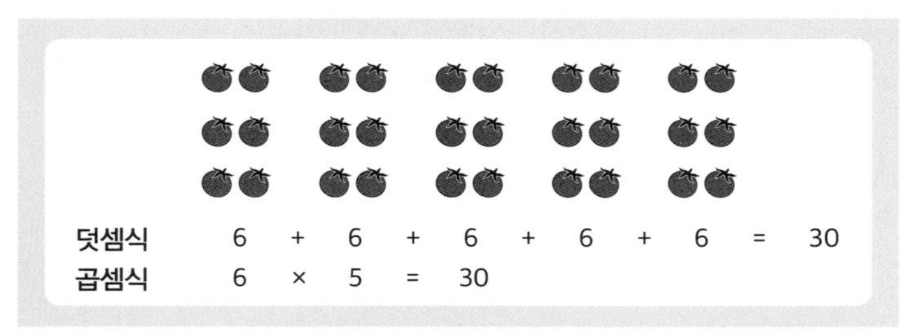

1cm와 1m

길이의 단위	의미
1mm(밀리미터)	1미터를 1,000개로 나눈 것 중 1개의 길이 (영어의 밀리(milli)는 1/1000을 의미한다)
1cm(센티미터)	1미터를 100개로 나눈 것 중 1개의 길이 (영어의 센티(centi)는 1/100을 의미한다)
1m(미터)	빛이 진공에서 2억 9,979만 2,458분의 1초 동안 진행한 거리
1km(킬로미터)	1미터를 1,000개 모아놓은 길이 (영어의 킬로(kilo)는 1,000을 의미한다)

삼각형과 사각형

도형	개념	예시
삼각형	3개의 선분으로 둘러싸인 도형	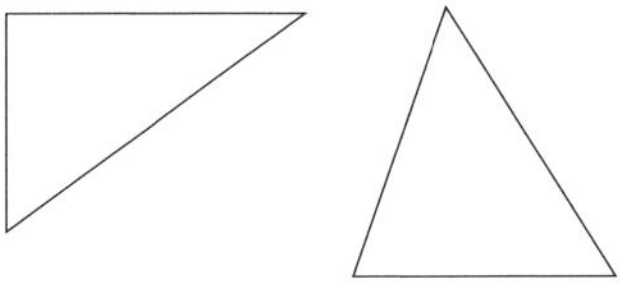
사각형	4개의 선분으로 둘러싸인 도형	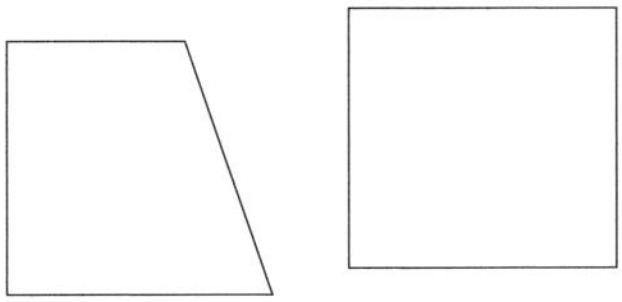

외우는 게 다가 아니다

2학년 아이의 엄마가 상담에서 이렇게 말문을 열었다.

"선생님, 저희 아이는 수학을 잘할 줄 알았어요."

이유를 물었더니 다음과 같이 답했다.

"제가 어릴 적에 구구단 트라우마가 있었거든요. 아이한테는 진심으로 이런 트라우마를 대물림하고 싶지 않아서 유치원 때부터 구구단을 외우게 했어요. 기특하게도 저보다 훨씬 잘 외우더라고요. 그래서 수학을 잘할 줄 알았는데 결국 저를 닮았는지 잘 못하네요."

필자가 교사로서 엄마에게 할 수 있었던 말은 딱 한 마디뿐이었다.

"어머님, 구구단을 잘 외우는 것은 음악을 잘하는 것이지 수학과는 별로 상관이 없습니다."

이 말을 듣고 놀라움을 감추지 못했던 엄마의 표정이 아직도 생생히 기억난다.

구구단은 초등 2학년 아이들에게 받아쓰기와 쌍벽을 이룰 만큼 어려운 관문으로 꼽힌다. 1학년에게 받아쓰기가 있다면 2학년에게는 구구단이 있다. 하지만 구구단은 생각보다 그렇게까지 어렵지 않으며, 오히려 구구단을 배우는 과정 속에서 숨겨진 공부의 법칙을 찾을 수 있다. 이러한 법칙을 잘 숙지하고 이해해서 공부에 적용한다면 큰 도움을 받을 수 있을 것이다.

● 개념 원리가 가장 먼저다 ●

아이들이 구구단을 잘 외웠는지 검사할 때 일이다.

"삼일은 삼."

"삼이 육."

"삼삼은 구."

"삼사 십이."

"삼오 십오."

"삼육, 삼육, 삼육……."

한 아이가 3단을 잘 외우다가 '3×6'에서 막혀 더 이상 진도가 나가지 않는다. 한참을 머뭇거리면서 몸을 배배 꼬더니 한마디 내뱉는다.

"선생님, 처음부터 다시 외울게요."

그러고는 처음부터 다시 외운다. 또다시 '3×6'에서 막힌다.

아이들이 구구단을 잘 외웠는지 검사할 때마다 자주 볼 수 있는 모습이다. 잘 외우다가 중간에서 막히면 처음으로 돌아가 다시 외우는 것이다. 교사로서 이런 모습을 보면 참 안타깝다. 구구단의 개념조차 모르고 무작정 외워서 나타나는 현상이기 때문이다.

곱하기의 가장 기본 개념은 앞서 언급했듯이 '동수누가'로, 이에 따라 풀어보면 '3×6=3+3+3+3+3+3'이다. 그렇기 때문에 개념을 제대로 알고 있다면 '3×6'에서 막혔을 때 처음부터 다시 외울 일이 아니라 '3×5=15'에 3만 더하면 된다. 하지만 대다수의 아이들은 외우다가 막히면 눈을 껌뻑거리고는 처음으로 돌아간다. 아이가 수학 공부를 제대로 하기 위해서는 개념 원리에 대한 정확한 이해를 가장 최우선에 둬야 한다. 결과가 눈에 띈다고 해서 암기만 강조하다 보면 아이는 더 이상 개념 원리에 관심을 기울이지 않게 된다. 따라서 무엇이든 처음 배울 때부터 정확한 개념 원리를 알고 이해해야 한다.

● 외우기에도 요령이 필요하다 ●

초등학교에서 구구단을 외울 때 2단부터 9단까지 차례대로 외우지 않는다. 2단 → 5단 → 3단 → 4단 → 9단 → 6단 → 7단 → 8단의 순서로 외운다. 2학년 2학기 '곱셈구구' 단원의 구성도 이 순서를 따른다. 그렇다면 왜 차례대로 배우지 않고 왔다 갔다 하는 것일까? 비교적 쉬운 단부터 외우기 위해서다. 이 과정 속에는 공부의 원리가 숨어 있다. 바로 '암기 원리'다. 암기는 공부하는 데 매우 중요한 위치를 차지한다. 창의력이나 사고력도 기본적인 지식 습득이 이뤄진 다음의 이야기며, 기본적인 지식의 습득은 결국 암기력이 바탕이 되어야 한다.

암기력은 사람마다 조금씩 다르다. 하지만 그 차이는 별로 크지 않다. 다만 암기하는 요령이나 연습 정도에 따라 속도와 양에서 차이가 날 뿐이다. 다음은 초등 2학년 아이들에게 도움이 될 만한 암기 방법이다.

쉬운 내용에서 어려운 내용 순으로 외운다

쉽게 이해할 수 있는 내용은 외우기도 쉽다. 하지만 잘 이해되지 않는 내용은 아무리 외우려고 노력해도 잘 되지 않고 어렵사리 외운다고 해도 돌아서면 까먹기 마련이다. 이럴 때는 단번에 외우려고 하기보다는 꾸준히 반복하면서 자연스럽게 외우는 게 좋다.

취침 전 20분을 활용한다

취침 전에 공부를 하면 그 이후의 기억이 없기 때문에 전혀 억제를 받지 않아 기억력이 상승한다. 그렇기 때문에 자기 전에 그날 공부한 내용 중에서 가장 중요한 것을 다시 한 번 훑어보고 반복해주면 굉장히 큰 효과를 볼 수 있다.

가장 짧은 시간 내에 배운 내용을 반복한다

망각에 대해 16년에 걸쳐 깊이 연구한 독일의 심리학자 헤르만 에빙하우스(Hermann Ebbinghaus)에 따르면 어떤 내용이든 배운 지 1시간이 지나면 절반 가까이를 잊어버린다고 한다. 그리고 배운 지 하루가 지나면 70% 가까이가 망각된다. 그러므로 배운 내용을 최단 시간 내에 반복하는 것이 효과적이다.

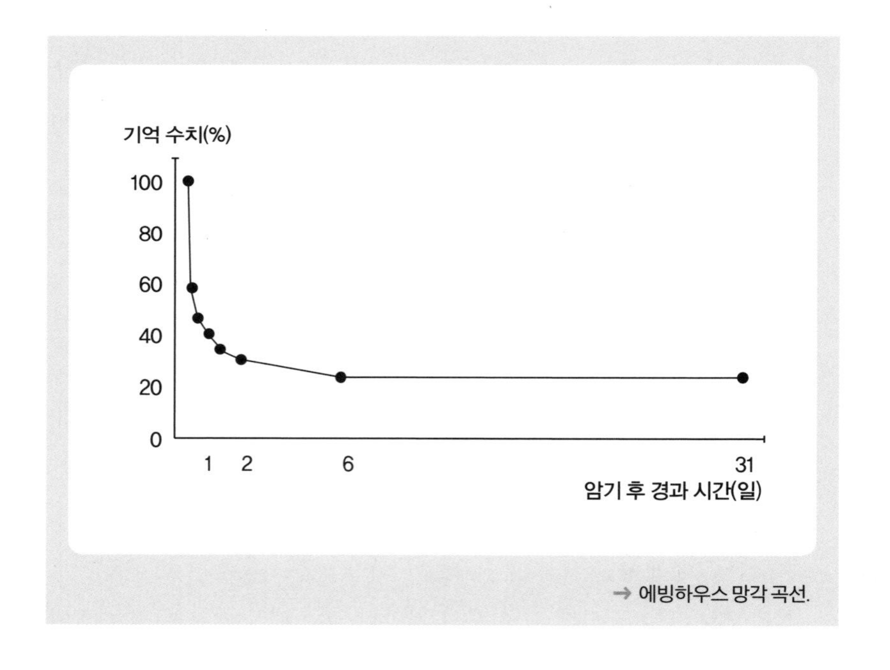

→ 에빙하우스 망각 곡선.

중요한 내용은 공부의 처음과 끝에 외운다

공부를 할 때 처음과 끝에 접한 내용은 뇌에서 가장 오랫동안 머문다. 따라서 가장 중요한 내용일수록 공부를 시작할 때 한 번 보고, 끝내기 전에 한 번 더 보면 기억을 오래 가져갈 수 있다.

외울 내용을 시각화한다

외울 내용을 글이 아닌 도표, 그림, 사진 등과 같은 시각 자료로 변형해 암기하면 훨씬 오랫동안 기억할 수 있다. 특히 마인드맵을 활용하면 좋다. 마인드맵은 그리기 쉬운데다 어떤 내용이든 모두 담아낼 수 있어 시각화해서 암기하는 데 탁월한 효과가 있다.

개인적인 의미를 부여하며 외운다

어떤 내용이든지 무작정 외우다 보면 금세 잊어버린다. 하지만 내용에 개인적인 의미를 부여해서 외우면 잘 외워지고 쉽게 잊히지도 않는다. 무의미한 것보다는 유의미한 것이 기억에 오래 남는 법이다. 주변 사람이나 사물 등을 활용해 외우면 좋다.

• 노래와 놀이를 공부에 활용한다 •

아이들에게 구구단 외우기는 정말 고역이 아닐 수 없다. 하지만 충분히 상황을 역전시킬 수 있는 방법이 있다. 외우는 과정에서 노래와 놀이를 활용하는 것이다. 2단의 2×2부터 9단의 9×9까지는 모두 72가지인데, 이를 막힘없이 외우기란 쉽지 않다. 그럼에도 불구하고 대다수의 아이들이 잘 외우는 이유는 간단하다. 구구단을 노래로 외우기 때문이다. 그 유명한 '구구단 노래'다.

구구단 노래 외에도 초등 2학년 아이들이 즐겨 부르는 노래가 있다.

'한국을 빛낸 100명의 위인들'이다. 교사로서 아이들이 이 노래를 부르는 모습을 보면 볼 때마다 신기하다. 역사 속 인물이 100명도 넘게 등장하는 그 길고 긴 가사를 어쩌면 그렇게도 잘 따라 부르는지 놀라울 따름이다. 어렵게만 느껴지는 역사도 노래로 부르면서 외우면 재미있고 기억에도 오래 남는 법이다.

아이들은 공부에 놀이 요소를 접목시키면 아주 흥미로워한다. 아이들이 구구단을 어느 정도 외운 다음에 '구구단을 외자' 노래를 부르면서 놀이를 하게 하면 정말 즐거워한다. 수학을 싫어하고 구구단을 못 외운 아이조차도 놀이는 하고 싶어 한다. 이런 과정을 거치면서 아이는 자연스럽게 구구단을 더 잘 외우게 되는 것이다. 더 나아가 수학은 재미없고 지겹다는 생각마저 불식시킬 수 있다. 이처럼 노래나 놀이 등을 공부에 활용하면 재미없는 내용도 재미있어진다. 특히 초등 저학년 공부에 있어 재미는 필수 불가결한 요소다.

知之者不如好之者 好之者不如樂之者

(지지자불여호지자 호지자불여락지자)

아는 사람은 좋아하는 사람만 못하며 좋아하는 사람은 즐기는 사람만 못하다.

『논어』「옹야편(雍也篇)」에 나오는 말로, 무슨 일이든지 즐겁게 해야 능률이 오르고 효과도 좋다는 뜻이다. 공부야말로 이 말이 딱 들어맞는다. 공부를 즐겁고 재미있게 하지 않으면 절대 잘할 수 없다. 그리고 오래 할 수도 없다.

• 19단, 외우지 않아도 괜찮다 •

구구단을 외울 때마다 한 반에 몇 명씩은 9단을 넘어 19단까지 외우느라 끙끙댄다. 스스로 외우고 싶어서 외우는 게 아니라 엄마가 하라고 해서 어쩔 수 없이 하는 경우가 대부분이다. 엄마들에게 왜 19단까지 외우게 하느냐고 물어보면 이렇게 대답한다.

"19단까지 외우면 계산도 빨라지고 수학을 공부하는 데 여러모로 좋다고 하더라고요."

요즘에는 좀 덜하지만 얼마 전까지만 해도 19단까지 외우기가 유행이었다. 인도 아이들이 19단까지 외우고 효과를 봤다는 이유에서였다. 그러고 보면 어떤 면에서는 공부도 패션처럼 유행을 타는 것 같다. 몇 년 전 '아침형 인간'이 유행할 때는 한 엄마가 아이를 아침형 인간으로 만들겠다며 새벽부터 깨워서 공부시키는 것을 본 적이 있다. 하지만 엄마의 기대와는 달리 그 아이는 자기 리듬을 잃은 채 수업 시간에 계속 졸기만 했다. 결국 엄마는 얼마 못 가 아침형 인간 만들기 프로젝트를 접을 수밖에 없었다.

고대 그리스 수학자 유클리드(Euclid)의 명언으로 잘 알려진 '공부에는 왕도가 없다'라는 말이 있다. 공부는 머리나 잔기술로 하는 것이 아니라 엉덩이로 하는 것이다. 이는 만고불변의 법칙이다. 공부하면서 여기저기 기웃거리거나 시류에 휩쓸리지 말자. 부모든 아이든 자신의 길을 꿋꿋하게 가는 것이 무엇보다 중요하다.

서술형 문제, 더 이상 어렵지 않다

2학년 수학 시간, 다소 긴 서술형 문제를 단계에 따라 풀면서 설명하던 중이었다. 한 남자아이가 한숨을 내쉬더니 이렇게 말했다.

"선생님, 저는 이런 문제만 보면 머리가 뒤죽박죽돼서 무슨 말인지 하나도 모르겠어요."

그랬더니 몇몇 아이들이 자기도 그렇다며 풀 죽은 목소리로 동조를 하기 시작했다. 그런데 갑자기 다른 남자아이가 고개를 갸우뚱하며 이런 말을 했다.

"나는 이런 문제가 좋던데……."

이 말을 듣자마자 한숨을 쉬던 남자아이가 한마디 쏘아붙였다.

"헐, 말도 안 돼. 그건 네 머리가 좀 이상해서 그래."

이 같은 상황이 벌어지는 이유는 수학의 변화 때문이다. 현재 초등 수학의 대세는 서술형 문제다. 기본적으로 문제의 길이가 길고, 생각을 많이 해야 풀 수 있기 때문에 사고력 수학, 문제 해결력 수학, 창의력 수학 등으로 불리기도 한다. 단순 연산 문제에 비해 다소 복잡해 아이들이 공부하는 데 많은 어려움을 호소한다. 게다가 최근 서술형 문제는 여기서 한 걸음 더 나아가 서술형 평가로 바뀌고 있다.

서술형 평가는 문제의 길이가 길 뿐만 아니라 문제 끝에 '풀이 과정을 쓰시오'라는 단서가 따라붙는다. 예전에는 어떻게든 답만 맞히면 됐는데, 이제는 논리력과 표현력까지 갖춰 풀이 과정을 써야 한다. 아이들 입장에서는 수학이 점점 더 어렵게 느껴진다.

하지만 수학은 서술형 문제를 잡지 않고서는 절대 잘할 수 없다. 서술형 문제는 많이 풀어보는 것도 중요하지만 제대로 푸는 연습을 많이 해봐야 한다. 그러기 위해서는 아이의 수학 공부를 도와주는 부모나 교사가 서술형 문제에 대한 안목을 반드시 갖추고 있어야 한다.

• 1·2·3 구조로 서술형 문제를 파악하라 •

수학 서술형 문제를 잘 풀기 위해서는 가장 먼저 문제의 구조를 면밀하게 파악해야 한다. 기본적으로 서술형 문제는 총 세 문장, 즉 사실 문장,

조건 문장, 물음 문장으로 구성된다. 그리고 이를 서술형 문제의 1·2·3 구조라고 한다.

[문제]

주차장에 차가 12대 있었습니다. 4대가 빠져나가고 5대가 새로 들어왔습니다.
주차장에는 차가 모두 몇 대 있습니까?

가장 전형적인 초등 저학년 수학 서술형 문제로, 전체가 세 문장으로 구성되어 있다. 이 문제를 자세히 살펴보면 다음과 같다.

사실 문장 (1)	주차장에 차가 12대 있었습니다.	사실 문장은 수학이라기보다 국어에 더 가깝다. 문제를 만들기 위한 도입 문장이며 주로 사실 현상을 설명하는 설명 문장이 대다수를 차지한다.
조건 문장 (2)	4대가 빠져나가고 5대가 새로 들어왔습니다.	사실 문장에 어떤 조건을 추가함으로써 문제를 만들어간다. 대부분 조건 문장을 잘 이해하지 못해서 문제를 많이 틀린다.
물음 문장 (3)	주차장에는 차가 모두 몇 대 있습니까?	문제의 물음을 묻는 문장으로 대부분 맨 끝에 나온다. 물음은 한 가지인 경우가 대부분이지만 간혹 두 가지인 경우도 있으니 유의해야 한다.

고학년인데도 서술형 문제의 기본 구조조차 모르는 아이들이 즐비하다. 그렇기 때문에 저학년 때부터 아이가 이러한 구조를 이해할 수 있도록 설명해야 한다. 문제의 1·2·3 구조는 학년이 올라가도 바뀌지 않는다. 그저 조금 더 길어지고 복잡해질 뿐이다. 세 문장으로 구성된 문제의 1·2·3 구조는 문장 간의 구분이 매우 쉽다. 하지만 많은 문제의 경우 두 문장이나 혹은 한 문장으로 변형된다. 그렇더라도 꼼꼼히 읽고 1·2·3 구조로 나눠 분석하면 문제를 쉽게 풀 수 있다.

세 문장 문제	주차장에 차가 12대 있었습니다. 4대가 빠져나가고 5대가 새로 들어왔습니다. 주차장에는 차가 모두 몇 대 있습니까?	문제가 세 개의 문장, 즉 사실 문장, 조건 문장, 물음 문장으로 구성되어 있어 문제를 이해하는 데 큰 어려움이 없다.
두 문장 문제	주차장에 차가 12대 있었습니다. 4대가 빠져나가고 5대가 새로 들어왔다면, 주차장에는 차가 모두 몇 대 있습니까?	조건 문장과 물음 문장이 합쳐진 경우다. 이때는 조건과 물음을 분리해서 생각해야 물음을 조금 더 분명하게 이해할 수 있다.
한 문장 문제	주차장에 차가 12대 있었는데, 4대가 빠져나가고 5대가 새로 들어왔다면, 주차장에는 차가 모두 몇 대 있습니까?	세 문장이 한 문장으로 된 경우다. 단문 세 개가 합쳐져 중문 구조를 띤다. 이렇게 긴 문장은 다시 단문으로 나눠 생각해야 실수를 줄일 수 있다.

아이들은 세 문장 문제는 쉽게 생각하는 반면, 두 문장이나 한 문장 문제는 같은 내용을 담고 있는데도 어려워한다. 세 문장 문제는 문장의

구조가 단순한 단문이지만, 두 문장이나 한 문장 문제는 두세 개의 단문이 결합된 중문이나 복문으로 되어 있어 구조가 복잡하기 때문이다. 이런 이유로 수학에서 서술형 문제를 잘 풀려면 수학 실력만큼이나 국어 실력도 좋아야 한다. 중문이나 복문 구조에 익숙해지기 위해서는 줄글로 된 책을 많이 읽어보는 수밖에 없다.

● 문제 해결 4단계로 서술형 문제를 잡아라 ●

서술형 문제는 문장 구조에 대한 이해만큼이나 풀이 방법 또한 중요하다. 서술형 문제는 보통 '이해 → 해결 계획 → 계획 실행 → 반성'이라는 문제 해결 4단계를 거쳐 풀이한다. 사실 이 과정을 의식하든 그렇지 않든 무조건 4단계를 거쳐야 제대로 된 문제 해결을 할 수 있다. 아이는 몰라도 교사나 부모는 문제 해결 4단계를 반드시 숙지하고 있어야 한다. 그래야 체계적인 지도를 할 수 있고 수학적 사고력 또한 키워줄 수 있다. 다음의 표는 문제 해결 4단계에 대한 설명이다.

문제 해결 단계	내용	지도 방법
이해	구해야 할 것, 주어진 것, 조건을 확인한다.	■ 문제에서 무엇을 요구하는지 혹은 무엇을 구해야 하는지 묻는다. ■ 문제에서 주어진 자료나 조건 등에 대해 생각하게 한다. ■ 문제에 맞춰 그림 등을 그려보게 한다.

문제 해결 단계	내용	지도 방법
해결 계획	해결 계획을 수립한다.	■ 이전에 이 문제와 같거나 유사한 문제를 풀어 본 경험이 있는지 생각하게 한다. ■ 여러 가지 문제 해결 전략과 함께 문제를 해결할 수 있는 수학적 개념 원리나 성질을 생각하게 한다. ■ '주어진 자료와 조건은 모두 사용했는가?', '문제에 포함된 핵심 개념은 모두 고려했는가?'를 생각하게 한다.
계획 실행	수립된 계획을 실행해 문제를 해결한다.	■ 풀이의 매 단계가 바르게 이뤄졌는지 확인하면서 답을 구하도록 한다. ■ 풀이 과정이 옳다는 것을 증명할 수 있는지 물어본다.
반성	결과를 점검하고, 다른 문제 해결 방법을 찾아본다.	■ 문제 해결 과정을 검토하게 한다. ■ 만약 결과가 틀렸다면 다른 해결 방법을 탐색하게 한다.

다음은 문제 해결 4단계를 활용해 실제로 문제를 푸는 과정이다. 이를 통해 각 단계가 문제 풀이 과정에서 어떻게 활용되는지 알 수 있을 것이다.

[문제]

사과가 12개 있습니다. 그중에서 몇 개를 먹었더니 7개가 남았습니다.
먹은 사과는 몇 개입니까?

문제 해결 단계	내용	아이 반응
이해	문제를 주의 깊게 읽는다.	문제를 주의 깊게 읽으면서 특별히 문제의 핵심 어휘인 12개, 7개 등에 주목한다.
	주어진 조건을 이해한다.	사과가 12개 있었고, 그중에서 몇 개를 먹었더니 7개가 남았다.
	구하고자 하는 바를 안다.	먹은 사과는 몇 개입니까? → 문제 마지막에 위치한 물음 문장에 주목한다.
해결 계획	문제에 맞는 문제 해결 계획을 세운다.	다양한 문제 해결 전략, 즉 그림 그리기, 식 만들기, 거꾸로 풀기, 규칙 찾기, 예상 및 확인하기, 표 만들기, 단순화하기 등을 활용해 문제 해결 계획을 세운다. 이 문제는 식을 세우거나 그림을 그려서 푸는 방법이 적당하다.
계획 실행	수립된 계획에 따라 문제를 해결한다.	■ 식을 세워서 풀기 12−□=7 ■ 그림을 그려서 풀기
반성	풀이 과정을 점검하거나 풀리지 않는다면 다른 문제 해결 전략을 생각해본다.	본인이 예측했던 답과 일치하는지, 계산 과정에 오류가 없는지 등을 확인한다.

물론 매 문제마다 이렇게 풀기는 힘들다. 하지만 하루에 한두 문제라도 이와 같은 단계에 맞춰서 푸는 연습을 하다 보면 나중에는 문제 해결 4단계가 마치 하나의 단계처럼 자연스럽게 눈에 들어올 것이다.

틀린 문제를 또 틀리지 않게 하려면

『그리스 로마 신화』에는 호메로스(Homeros)의 대서사시 『일리아스(Ilias)』의 주인공인 아킬레스가 등장한다. 아킬레스는 바다의 여신인 테티스와 인간인 펠레우스 사이에서 태어났다. 아킬레스는 트로이 전쟁에 참가해 눈부신 활약을 펼치지만, 결국 적군인 트로이의 왕자 파리스가 쏜 화살에 맞아 목숨을 잃는다. 아킬레스가 파리스의 화살에 맞은 곳은 유일한 약점이었던 발뒤꿈치였다. 그렇다면 왜 발뒤꿈치는 아킬레스의 유일한 약점이 되었을까? 테티스는 아킬레스가 태어나자마자 그를 불사신(不死身)으로 만들기 위해 산 자와 죽은 자의 경계인 스틱스 강물에 그의 몸을 담갔다. 하지만 테티스가 손으로 잡고 있던 발뒤꿈치만은 물에 젖지 않아 아킬레스의 치명적인 급소로 남게 되었고, 이 때문에 아킬레스는 죽음을 맞이한 것이다. 치명적인 약점을 일컫는 말인 '아킬레스건'은 바로 여기서 유래되었다.

아킬레스처럼 공부하는 학생들에게도 약점은 있기 마련이다. 보통 자신이 가장 어려워하고 싫어하는 과목이 약점이 되곤 한다. 그렇다면 초등학생들이 가장 어려워하고 싫어하는 과목은 과연 무엇일까? 아이마다 조금씩 다르겠지만 대부분 수학과 사회를 어려워하고 싫어한다. 그중에서도 수학은 학년이 올라갈수록 더욱 중요해지기 때문에 아이의 약점이 되기 전에 철저한 대비책이 필요하다.

● 초등 2학년 아이들의 가장 큰 약점, 수학 ●

언젠가 2학년을 가르칠 때 아주 똑똑한 여자아이가 있었다. 받아쓰기는 항상 100점이었고 책을 많이 읽어 배경지식이 풍부해 발표도 아주 잘했다. 영어도 원어민을 능가할 만큼 발음이 좋았다. 그림 그리기는 물론 노래까지 수준급이었다. 하지만 유독 수학에 약했다. 수학 실력이 영 시원치 않다 보니 전체적인 시험 점수가 그리 높지 않았다. 아이에게 있어 수학은 바로 아킬레스건이었다.

사람은 누구나 약점을 가지고 있다. 약점은 잘 관리하지 않으면 아주 사소한 자극에도 금세 드러나기 마련이며, 전체를 무너지게 하는 원인이 되기도 한다. 불사신이나 다름없는 아킬레스도 눈에 잘 보이지도 않는 발뒤꿈치의 아주 사소한 약점 때문에 목숨을 잃게 된 것만 봐도 잘 알 수 있다.

요즘은 단점을 극복하기보다는 장점을 키워 극대화하라는 조언을 더 많이 한다. 분명히 맞는 말이다. 하지만 공부에서만큼은 조금 견해를 달리할 필요가 있다. 공부를 할 때는 그 무엇보다 취약한 과목과 취약한 부분을 잘 극복해야 절대적으로 유리한 고지를 선점할 수 있다. 특히 수학은 아이들이 공부하는 데 약점으로 작용하는 경우가 참 많다. 사실 초등 2학년 때까지만 해도 무게감은 그리 크지 않지만, 나중에는 인생의 방향까지도 결정하는 과목이 바로 수학이다.

초등학생 – 36.5%

중학생 – 46.2%

고등학생 – 59.7%

2015년 사교육걱정없는세상에서 전국 초중고생 7,719명을 대상으로 수학을 포기한 학생의 비율을 조사한 것이다. 대부분 공부할 내용이 너무 많고 어렵다는 이유로 수학을 포기했다. 한 조사에 의하면 수능 전날까지 수학을 포기하지 않고 공부하는 비율은 10% 남짓에 불과한 걸로 나타나기도 했다. 이처럼 수학은 절대 다수의 아이들에게 아주 큰 약점 중의 약점으로 작용한다.

수학은 다른 과목에 비해서 약점이 계속 반복되기 때문에 관리가 특히 중요하다. 연산이 약점인 아이는 시험을 볼 때마다 연산에서 발목이 잡히고, 서술형 문제가 약점인 아이는 서술형 문제를 풀지 못해 시험에서 번번이 미끄러진다. 심지어 어휘력이 낮은 아이는 사소한 어휘의 뜻을 몰라 틀리는 경우도 허다하다.

그런데 이상하게도 모든 약점에 대해 내려지는 처방은 언제나 똑같다. 학원이나 과외가 전부다. 사교육으로 모두 해결하려 하는 것이다. 어떤 아이에게는 이러한 처방이 맞을 수도 있겠지만 또 다른 아이에게는 전혀 엉뚱한 처방인 경우도 비일비재하다. 아이마다 수학 약점의 유형은 모두 다르다. 가지각색인 약점에 대해 바로 알고 그에 알맞은 처방을 내려 주는 것, 바로 부모의 몫이다.

● 수학 약점별 대처 방법 ●

아이들이 가진 수학 약점은 제각각 조금씩 다르다. 내 아이의 수학 약점이 무엇인지 자세히 살펴보고 그에 따라 정확한 처방을 해주면 좋을 것이다. 다음은 아이들의 수학 약점별 대처 방법이다.

수학 불안에 시달리는 아이

수학 문제만 보면 유독 불안해하는 아이들이 있다. 이런 아이들은 '수학 불안'이라는 증상을 의심해봐야 한다. 수학 불안이 있는 아이들은 수학 문제를 풀 때 지나칠 정도로 긴장감을 느끼며, 아는 문제도 잘 풀지 못할 때가 많다. 미국 플로리다 주립대학교의 연구에 의하면 수학 불안이 심한 사람의 경우 문제를 풀 때 사용 가능한 기억량이 훨씬 줄어들고, 이 때문에 실수도 많아진다고 한다. 수학 문제를 잘 풀려면 문제가 무엇을 요구하는지, 어떻게 풀어야 하는지 등을 잘 집중해서 기억해야 하는데, 수학 불안이 심한 아이들은 '시험을 못 보면 어떡하나'와 같은 쓸데없는 생각들이 끼어들어 정작 문제를 풀 때 써야 할 기억량이 줄어들게 된다는 것이다.

수학 불안의 원인으로는 여러 가지가 있겠지만 그중에서도 가장 큰 원인은 수학에 대한 부모의 질책이다. 부모라면 누구나 아이가 어릴 때는 손가락으로 하나, 둘을 꼽아가며 수를 세기만 해도 환호한다. 하지만 아이가 자랄수록 칭찬은 점점 야박해지고 질책이 그 자리를 대신한다. 이러한 질책이 수학 불안을 야기하는 가장 큰 요소다. 수학 불안은 수학에 대한 부정적인 가치관을 형성시켜 수학을 회피하게 만드는 원인이 되며, 이는 결국 수학 부진으로 이어지는 것이다. 수학 불안을 완화시키기 위해서는 무엇보다 부모의 격려가 필요하다. 특히 수학 시험에서 점수를 몇 점 이상 받아야 한다고 압박하는 것은 수학 불안을 가장 크게 유발시킬 수 있으니 절대 금해야 한다.

시험 점수가 들쭉날쭉하는 아이

시험을 볼 때마다 점수가 매번 크게 차이 나는 아이들이 있다. 지난번에는 96점을 받던 아이가 이번에는 76점을 받아오는 식이다. 이런 상황이 자꾸 벌어지면 부모는 어떻게 해야 할지 굉장히 당황스럽다. 어느 쪽이 진짜 실력인지 의심스러울 뿐만 아니라 정확한 원인이 무엇인지 몰라 답답하기 때문이다.

시험을 볼 때마다 점수가 둘쭉날쭉하는 가장 첫 번째 이유는 시험의 난이도 때문이다. 수학 시험은 다른 과목보다 난이도의 영향을 많이 받는다. 수학 실력이 뛰어난 최상위권 아이들은 상대적으로 난이도의 영향을 적게 받지만, 중위권과 중상위권 아이들은 난이도의 영향을 많이 받는다. 남녀 중에서는 여자아이들이 난이도의 영향을 크게 받는 경향이 있다. 따라서 이런 아이들은 평소 조금 어렵다 싶은 문제집을 하루에 한 쪽 정도 꾸준히 풀면서, 까다로운 응용문제에 대한 도전 의식과 극복 방안을 터득해야 한다.

시험의 난이도만큼이나 수학의 다양한 영역도 점수에 큰 영향을 끼친다. 초등 수학은 수와 연산, 도형, 측정, 확률과 통계, 규칙성과 문제 해결 이렇게 총 5가지 영역으로 구성되어 있으며, 이중에서 수와 연산 영역과 도형 영역이 가장 많은 내용을 차지한다. 어떤 아이는 수와 연산에 강하고, 또 다른 아이는 도형에 강하다. 그런데 시험마다 어떤 시험에는 수와 연산 문제가 많이 나오고, 또 다른 시험에는 도형 문제가 많이 나온다. 상황이 이렇다 보니 아무래도 자신이 좋아하거나 잘하는 영역이 많이 출제되는 시험에서 좋은 점수를 받을 수밖에 없는 것이다. 이는 수학 시험지를 살펴보면 쉽게 알아낼 수 있다. 틀린 문제가 어느 한 영역에 몰려 있다면 분명 그 아이는 그 영역이 약점인 것이다. 시험뿐만 아니라 평소에도 특정 단원을 공부하기 싫어한다면 그 아이는 그 단원과 관련된 수학 영역이 약점이라는 신호를 보내고 있는 것이다. 이런 단원은 특별히 더 신경 쓰고 관리해줘야 약점이 되지 않는다.

연산 실수를 꼭 하는 아이

수학 시험에서 가장 안타까운 경우 중 하나가 복잡한 문제를 단순한 연산 실수로 틀렸을 때다. 문제를 이해하지 못한 것도 아니요, 식을 잘못 세운 것도 아니다. 아주 사소한 부분에서 한순간 숫자를 잘못 대입하거나 덧셈을 뺄셈으로 착각했을 뿐이다. 왜 틀렸냐고 물으면 대부분의 아이들이 실수였다고 이야기한다.

이처럼 연산 문제는 단순 실수로 틀리는 경우도 있지만 연산 원리를 몰라 틀리는 경우도 종종 있다. 단순 실수로 틀린 경우라면 다음번 시험을 볼 때 정신을 차리면 개선되겠지만 연산 원리를 몰라 틀리는 경우라면 이야기가 달라진다. 단순 실수와 연산 원리에 대한 이해 부족은 반드시 구분되어야 한다.

그리고 연산 실수는 집중력과 밀접한 관련이 있다. 아무리 쉬운 문제라도 계산할 때는 정신을 집중해야 하는데 쓸데없이 딴생각을 하는 아이들이 꼭 있다. 이런 경우 어처구니없는 실수를 하게 되는 것이다. 연산 실수를 줄이기 위해서는 연산 전에 어림셈을 하는 습관을 들이면 좋다. 이를 테면 '29+48'이라는 문제를 풀 때 어림셈인 '30+50'으로 먼저 계산하는 것이다. 이렇게 하면 29+48의 답을 67로 쓰는 실수를 줄일 수 있다. 문제를 풀 때마다 검산하는 습관도 연산 실수를 줄일 수 있는 좋은 방법이다. 수학을 못하는 아이일수록 검산을 하지 않는다. 시험을 보면서 시간이 많이 남는데도 검산을 절대 하지 않는 아이들이 많다. 평소 문제를 풀 때 검산하는 습관을 들이지 않았기 때문에 나타나는 현상이다. 검산은 습관 들이기 나름이다.

마지막으로 연산 실수를 줄이기 위해서는 연산 훈련을 꾸준히 해야 한다. 아이마다 차이가 나겠지만 꾸준한 연산 훈련은 연산 속도를 빠르게 만들어줄 뿐만 아니라 연산 실수를 현저하게 줄여주기도 한다. 특히 연산 실수가 잦은 아이들은 연산 훈련을 할 때 속도보다 정확도에 초점을 맞춰 실시하면 더욱더 큰 효과를 볼 수 있다. 연산 훈련을 하는 자세한 방법은 179쪽 '연산 훈련의 원칙과 방법'을 참고하면 된다.

특정 단원을 유독 어려워하는 아이

수학을 가르치다 보면 단원별로 심하게 실력이 차이 나는 아이들이 있다. 여러 가지 원인이 있겠지만 이런 경우 뇌 과학에 따른 분석이 가능하다. 개개인마다 발달한 뇌 부위에 따라 잘할 수 있는 수학의 영역이 다르기 때문이다.

논리 뇌 혹은 언어 뇌라는 별명처럼 좌뇌가 발달한 사람은 논리력이나 추론력이 우수하며 기호나 계산, 언어 분석 등에 뛰어나다. 그렇기 때문에 좌뇌가 발달한 아이들은 수학 영역 중 수와 연산, 규칙성과 문제 해결 등에서 강세를 보인다. 반면 우뇌는 주로 비논리적 감성이나 감각적인 부분에 작용한다. 따라서 우뇌가 발달한 사람은 대체로 예술이나 체육 등에 두각을 나타내며 공간 인식이나 직관력이 우수하다. 이런 이유로 우뇌가 발달한 아이들은 수학 영역 중 도형이나 측정 영역 등에서 돋보이는 실력을 발휘한다.

사실 대다수의 아이들은 좌뇌와 우뇌의 발달이 거의 비슷하게 이뤄지기 때문에 수학 영역별로 차이가 잘 드러나지 않는다. 하지만 간혹 수학 영역별 차이가 많이 드러나는 아이도 있다. 이런 아이의 경우 뒤떨어지는 영역에 대해 나무라고 윽박지르기보다는 아이의 특성을 이해하는 기회로 삼아야 할 것이다.

초등 수학, 특히 저학년 수학은 좌뇌가 발달한 아이한테 유리하다. 수와 연산 영역이 내용의 절반 정도를 차지하기 때문이다. 하지만 고급 수학으로 갈수록 우뇌가 발달하지 않고선 수학을 잘하기 힘들다.

시간이 부족해 문제를 다 풀지 못하는 아이

수학 시험을 보면 꼭 시간 내에 다 풀지 못하는 아이들이 있다. 그리고 이런 아이들은 고학년으로 갈수록 늘어난다. 그 이유는 무엇일까?

가장 먼저 이해력과 독해력의 부족을 의심해봐야 한다. 이해력과 독해력이 부족할 경우 수학 시험 시간이 턱없이 모자를 수 있다. 아무리 문제를 읽어도 무슨 말인지 모르기 때문에 반복해서 읽어야 하고, 읽는다고 해도 속도가 상대적으로 느리기 때문이다. 이런 아이들은 대부분 평소 책 읽기를 게을리한 탓이므로 책을 꾸준히 읽게끔 해줘야 문제를 해결할 수 있다.

연산 능력이 떨어져도 시간에 쫓기게 된다. 2학년 때까지는 연산이 단순해서 그나마 괜찮지만, 고학년으로 갈수록 이런 아이들이 기하급수적으로 늘어난다. 따라서 늦어도 2학년 때부터는 체계적으로 연산 훈련을 시켜야 한다.

마지막으로 시험 문제 푸는 요령을 잘 모르는 경우다. 어떤 아이들은 답답할 정도로 모르는 문제를 붙잡고 있다. 그러다가 시간을 다 흘려보내고 아는 문제도 미처 다 풀지 못한다. 이럴 때는 아는 문제를 먼저 풀고 모르는 문제를 나중에 풀게 한다. 평소에 문제집으로 공부할 때도 이 원칙대로 하면서 시간을 정해놓고 푸는 습관까지 들이면 집중력과 시간 활용 기술을 동시에 향상시킬 수 있다.

기계적으로 문제를 푸는 아이

몇몇 아이들은 아무 생각 없이 기계적으로 문제를 푼다. 앞에 나오는 수와 뒤에 나오는 수를 제대로 보지도 않고 그냥 계산한다든지, 어디선가 본 듯한 문제면 그것과 같은 줄 알고 똑같이 풀어서 틀리곤 한다. 또 조금만 어렵다 싶으면 생각도 안 해보고 모르겠다고 한다. 참 답답한 노릇이 아닐 수 없다.

이와 같은 아이들은 대개 자신이 감당할 수 있는 양보다 많은 분량을 공부하곤 한다. 그렇기 때문에 생각 없이 문제 푸는 아이를 둔 부모라면 일단 아이가 문제집을 너무 많이 풀고 있거나 공부 스케줄이 너무 빡빡하지는 않은지 살펴봐야 한다. 문제집이 너무 많다면 좀 줄여주고, 스케줄이 너무 빡빡하다면 좀 여유 있게 해줘야 한다. 사고력이나 창의력은 여유에서 비롯되는 것이기 때문이다. 기계적으로 푸는 아이들일수록 많이 풀거나 빨리 푸는 건 결코 중요하지 않다. 한 문제라도 끈기 있게 물고 늘어지는 자세가 필요하다.

그리고 학원을 지나치게 많이 다닌 아이들 가운데 기계적으로 문제를 푸는 아이가 많다. 학원에서는 주로 어려운 문제를 쉽게 풀어 설명하는 방식으로 수업을 진행한다. 그러다 보니 이런 공부에 익숙한 아이들은 일단 어려운 문제를 풀기 위해 매달리지 않는다. 자신의 방식대로 생각해서 풀기보다는 다른 사람이 설명해준 방식대로 풀려고 하는 성향이 강하다. 수학은 혼자 고민하면서 풀어보는 시간을 많이 가질수록 실력 향상에 도움이 된다. 그래야 문제를 풀 때 기계적으로 정형화된 틀에 맞춰 풀지 않고 각자 나름의 다양한 방식으로 풀 수 있을 것이다.

틀린 문제 또 틀리는 아이

수학은 신기할 만큼 틀린 문제를 또 틀리기 마련이다. 이유야 어떻든 수학 점수를 높이기 위해서는 한 번 틀린 문제를 다음에는 틀리지 말아야 한다. 반복해서 틀리는 문제는 원인이 무엇인지를 먼저 잘 따져봐야 한다. 개념이나 원리를 아직 잘 모르는 건지 아니면 연산의 실수인지 등을 살펴보고 원인이 발견되면 다시 공부하게 하면 된다.

틀린 문제를 또 틀리지 않기 위해서는 평소 수학 문제를 푼 후에 반드시 채점을 하고 틀린 문제를 꼭 다시 풀어봐야 한다. 시험 전에는 문제집을 넘겨 가며 틀린 문제를 다시 한 번 풀어보는 것이 좋다. 고학년이 되어 가면서는 '오답 공책'을 만들어 오답이 난 문제를 오답 공책에 오려 붙여 놓고 시간이 날 때마다 풀어보는 것도 좋은 방법이 될 수 있다.

어휘의 뜻을 몰라 틀리는 아이

한 번은 2학년 수학 시험에 다음과 같은 문제를 낸 적이 있다.

민재는 1주일 전 친구 하진이의 생일파티에 가서 신나게 놀았습니다. 너무 피곤했는지 이튿날 월요일에 늦잠을 자고 말았습니다. 친구 하진이의 생일은 무슨 요일이었을까요?

시험 도중에 한 아이가 질문을 한다.

"선생님, '이튿날'이 무슨 말이에요?"

이 아이가 질문하자 다른 아이들도 자기도 모른다며 알려달라고 아우성을 쳤다. 시험 형평성 때문에 알려줄 수 없다고 하자 아이들은 크게 실망하는 눈치였다. 채점을 해보니 아니나 다를까 이 문제를 틀린 아이들이 굉장히 많았다. 이유는 '이튿날'이라는 말의 뜻을 몰라서였다.

이런 경우는 초등학교 현장에서 너무 흔하게 볼 수 있는 광경이다. 이렇게 수학 문제에서 사소한 어휘를 몰라 문제를 틀린 아이들은 수학을 못하는 게 아니라 국어를 못하는 것이다. 좀 더 엄밀하게 말하면 어휘력이 낮은 것이다. 그런데 부모들은 이런 아이들의 수학 점수를 보고 조바심이 생겨 수학 학원으로 달려간다. 하지만 이런 아이들을 수학 학원에 보낸다고 절대 수학 점수가 좋아지지 않는다. 이런 아이들의 수학 점수를 높이려면 수학 학원이 아니라 책읽기가 정답이다. 책을 읽어 어휘력을 높여야 비로소 어처구니없는 이유로 틀리지 않는다.

특별부록

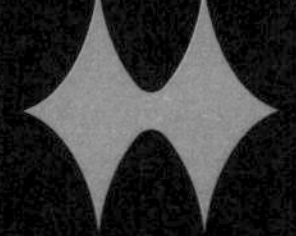

초등 2학년, 과목별 교과서 100% 활용 꿀팁

'교과서를 보면 아이가 보인다.'
아이들 얼굴이 제각각이듯 교과서도 아이들마다 제각각이다. 분명 학년이 시작되기 전 모두 똑같이 새 교과서를 받았는데 3월이 다 가기 전에 놀랍게도 교과서는 주인을 닮아간다.
교과서를 너무 경시하고 소홀하게 대하는 학부모들도 많은데, 교과서는 아이들의 학교생활에서 가장 중요한 교재임에 틀림이 없다. 교과서를 잘 활용하는 것만으로 내 아이를 공부 잘하는 아이로 만들 수 있다.

1

2학년 교과서 구성 및 활용 원칙 파헤치기

2학년 교과서 한눈에 훑어보기

초등학교 2학년은 배우는 교과목은 다음과 같다.

2학년 1학기	2학년 2학기
국어 2-1 가 국어 2-1 나 국어 활동 2-1 수학 2-1 수학 익힘 2-1 나, 자연, 마을, 세계	국어 2-2 가 국어 2-2 나 국어 활동 2-2 수학 2-2 수학 익힘 2-2 계절, 인물, 물건, 기억

국어는 '가'를 다 배운 후에 '나'를 배운다. 국어 활동과 수학 익힘은 보조 교과서 성격으로 담임교사에 따라 학교에서 꼼꼼하게 다루기도 하지만, 그렇지 않은 경우도 많다.

나, 자연, 마을, 세계, 계절, 인물, 물건, 기억은 통합 교과서로 바른 생활, 슬기로운 생활, 즐거운 생활 내용을 합쳐 놓은 내용이다. 개정 전에는 봄, 여름, 가을, 겨울 4권으로 배웠지만 내용이 더 세분화되어 8권으로 나뉜 점이 눈에 띈다. 개정 전에 있었던 안전 교과서는 없어지고 내용은 통합 교과로 흡수되었다.

가정에 비치할 교과서 한 세트 더 구비하기

교과서는 가정에서 예습과 복습 용도로 한 세트 더 구비하면 좋다. 3학년부터는 국어와 도덕을 빼고 검인정 교과서를 사용하므로 학교마다 교과서가 다르다. 하지만 1, 2학년은 모든 교과서가 국정 교과서이기 때문에 인터넷에서 비교적 쉽게 구입할 수 있는 장점이 있다. 찾는 사람이 많아 조기 품절이 되는 경우가 많으니 학기가 시작되기 전 방학 중에 구입을 서두르는 것이 좋다.

학교 교과서 정기적 점검하기

수업에 집중하지 않는 아이들의 교과서를 보면 군데군데 빈칸투성인 경우가 많다. 해당 내용 수업에 딴청을 부렸기 때문이다. 아이가 수업에 좀 더 집중하게 만드는 좋은 방법이 있는데 교과서를 정기적으로 점검하는 것이다.

학교에서 사용하는 교과서는 2주에 한 번 혹은 한 달에 한 번 정도는 가정으로 가져와서 부모님이 점검해주면 좋다. 이렇게 부모님이 점검을 하면 아이 입장에서는 아무래도 수업 시간에 좀 더 집중할 수밖에 없다. 부모님 입장에서는 아이의 교과서를 보면서 아이의 수업 태도를 가늠할 수 있고, 교과서에 적힌 내용들을 보면서 아이의 생각이나 속마음도 알 수 있어 자녀를 이해하는 데 많은 도움이 된다.

2

반복 읽기로 활용하면 좋은 '국어 교과서'

아이들 중에 국어 교과를 힘들어 하는 경우가 많다. 왜냐하면 쓸 것이 너무 많기 때문이다. 성실한 아이들과 그렇지 않은 아이들의 차이가 극명하게 드러나는 것이 국어 교과서이다. 국어 교과서에 나오는 문제를 학교에서도 채우기 힘든데 집에서 또 한 번 복습하기 위해 써야 한다면 아이에게 좀 가혹한 복습법이 될 수 있다.

국어 교과서는 집에서 반복 읽기 용도로 활용하면 좋다. 학교에서 진도를 나가는 단원의 내용을 하루에 한 번씩 읽게 하면 된다. 한 단원의 본문을 읽는 데 5분 남짓에서 길면 10분 정도 걸린다. 읽을 때 눈으로만 읽게 하기보다는 소리 내어 읽게 하면 효과가 매우 좋다. 학교에서 한 단원 진도를 다 나가는 데 보통 2주 정도가 걸린다. 2주 동안 매일 같은 본문을 하루에 한 번씩만 읽는다고 해도 같은 본문을 10번 이상은 읽게 된다. 그러면 아이는 자신도 모르게 본문의 내용 이해는 물론이고 부분 암기도 하게 된다. 이렇게 암기된 표현들은 말하기나 글쓰기와 같은 표현 능력을 획기적으로 좋게 하는 효과가 있다.

3

예복습 교재로 최고인 '수학 교과서'

수학 교과서는 예습 교재로 활용하면 좋고, 수학 익힘은 복습 교재로 사용할 것을 권한다. 수학을 잘하기 위해서는 개념 원리를 잘 이해해야 한다. 수학 교과서는 수학의 기본적인 개념 원리가 가장 상세하게 소개가 된 교재이다. 더불어 해당 개념 원리와 연결된 문제가 실려 있다. 예습 삼아 학교에서 배워야 할 내용을 읽어보고 간단한 문제를 풀기에 적당한 교재가 바로 수학 교과서이다.

수학 익힘은 수학 교과서에서 다뤘던 수학의 개념 원리와 관련된 문제로만 구성이 되어 있다. 문제 수준도 기본적인 내용부터 응용 내용까지 다양하게 구성되어 있다. 수학 익힘에 나오는 문제를 어렵지 않게 풀 수 있다면 수학은 크게 걱정하지 않아도 된다. 만약 수학 익힘 교과서를 아이가 너무 쉽게 여긴다면 시중에서 수학 익힘 교과서보다 어려운 문제집을 구입해서 병행해서 풀게 하면 효과적이다. 만약 학교에서 수학 단원평가를 치른다면 수학 문제집이나 학원보다, 수학과 수학 익힘 교과서를 가장 우선적으로 한 번 더 풀어보게 하는 것이 가장 좋다.

수학이나 수학 익힘 교과서를 예습이나 복습 교재로 활용할 때 주의할 점이 있다면 시간을 너무 길게 가져가지 않는 것이다. 2학년 아이들은

10분 이상 넘기지 않는 것이 좋다. 집중해서 본다면 한 차시 분량을 예습하거나 복습하는 데 10분을 넘기지 않을 것이다.

4

예복습이 필요 없는 '통합 교과서'

아이들 중에 나, 자연, 마을, 세계와 같은 통합 교과 시간을 싫어하는 경우는 거의 보지 못했다. 이들 교과서는 3학년부터 음악, 미술, 체육, 도덕, 사회, 과학 등의 교과 내용을 담고 있기 때문에 대다수 아이들이 좋아하는 교과이다. 국어나 수학처럼 문제를 푸는 것도 아니고 대부분 노래, 그림, 만들기, 놀이 등의 활동 위주로 구성되다 보니 아이들이 매우 좋아한다.

가정에서 이들 교과서를 가지고 다시 복습하거나 예습할 필요는 없다. 다만 가정에서는 교과서를 넘기면서 학교에서 무슨 활동을 했는지 말해보거나 활동을 하면서 있었던 일이나 소감 느낌을 말해보게 하면 좋다. 특별히 재미있거나 좋았던 활동은 집에서 한 번 더 해보는 것도 아주 추천할 만한 방법이다.

✤ 에필로그 ✤

만일 내가 다시 아이를 키운다면

● 만일 내가 다시 아이를 키운다면 ●

다이애나 루먼스(Diana Loomans)

만일 내가 다시 아이를 키운다면

먼저 아이의 자존심을 세워주고

집은 나중에 세우리라.

아이와 함께 손가락 그림을 더 많이 그리고

손가락으로 명령하는 일은 덜 하리라.

아이를 바로잡으려고 덜 노력하고

아이와 하나가 되려고 더 많이 노력하리라.

시계에서 눈을 떼고

눈으로 아이를 더 많이 바라보리라.

만일 내가 다시 아이를 키운다면

더 많이 아는 데 관심을 갖지 않고

더 많이 관심 갖는 법을 배우리라.

자전거도 더 많이 타고 연도 더 많이 날리리라.

들판을 더 많이 뛰어다니고

별들을 더 오래 바라보리라.

더 많이 껴안고 더 적게 다투리라.

도토리 속의 떡갈나무를 더 자주 보리라.

덜 단호하고 더 많이 긍정하리라.

힘을 사랑하는 사람으로 보이지 않고

사랑의 힘을 가진 사람으로 보이리라.

과연 자녀교육의 명시(名詩)라고 할 만하다. 부모라면 누구나 한 구절 한 구절 공감하는 내용일 것이다. 하지만 아이를 키울 당시에는 이 시가 잘 들리지 않는다. 나중에 이런 고백을 하며 후회하지 않기를 간절히 바란다.

• 만일 내가 다시 아이를 키운다면 •

송재환

만일 내가 다시 아이를 키운다면

먼저 아이의 자존감을 세워주고

내 자존심은 나중에 세우리라.

점수에서 눈을 떼고

눈으로 아이를 더 많이 바라보리라.

공부에만 관심 갖지 않고

더 많이 관심 갖는 법을 배우리라.

아이를 바로잡으려고 덜 노력하고

아이에게 바로잡힌 모습을 보여주려고 더 많이 노력하리라.

더 많이 안아주고 더 적게 지적하리라.

아이 눈 속에 박힌 보석을 더 자주 보리라.

덜 소리 지르고 더 많이 끄덕이리라.

부모로서 지금 이렇게 고백하기를 기도하면서 글을 맺는다. 마지막으로 집필하는 동안 지혜를 주신 하나님께 감사드리며 모든 영광을 돌린다.

참고 문헌

강백향, 『현명한 부모는 초등 1학년 시작부터 다르다』, 꿈틀

고봉익 외, 『소리치지 않고 화내지 않고 초등학생 공부시키기』, 명진출판

공자, 『논어』, 홍익출판사

교육부, 『국어 1-1, 1-2』 교육부, 『국어 활동 2-1, 2-2』 교육부, 『수학 2-1, 2-2』

교육부, 『수학 교사용 지도서 2-1, 2-2』

김명미, 『초등 읽기능력이 평생성적을 좌우한다』, 글담

김영복, 『공부 자신감 초등 1학년 첫출발부터』, 화니북스

김진아, 『초등학교 1학년 엄마 교과서』, 북퀘스트

남미영, 『우리 아이, 즐겁게 배우는 생활 속 글쓰기』, 21세기북스

맹자, 『맹자』, 홍익출판사

박미영, 『초등학교 1학년 학부모 교과서』, 노란우산

성정일, 『어린이 글쓰기와 독서 무엇을 어떻게 가르치나』, 시서례

송재환, 『부모는 무엇을 가르쳐야 하는가』, 글담

송재환, 『수학 100점 엄마가 만든다 개념원리편』, 도토리창고

송재환, 『초등 수포자로 빠지지 않는 수학약점 공략법』, 글담

송재환, 『초등 1학년, 수학을 잡아야 공부가 잡힌다』, 위즈덤하우스

송재환, 『초등 1학년 공부, 책읽기가 전부다』, 위즈덤하우스

송재환, 『다시, 초등 고전읽기 혁명』, 글담

송재환, 『1일 1문장 초등 자기주도 글쓰기의 힘』, 위즈덤하우스

이기숙, 『적기교육』, 글담

추적, 『명심보감』, 홍익출판사

현종익, 『교사를 위한 초등수학교육론 』, 교우사

황미용, 『엄마가 꽉 잡아주는 초등 1,2학년 공부법』, 바다출판사

홍자성, 『채근담』, 홍익출판사

생텍쥐페리, 『어린왕자』, 인디고(글담)

파커 J 파머, 『가르칠 수 있는 용기』, 한문화 버트런드

러셀, 『게으름에 대한 찬양』, 사회평론

이기숙, 『적기교육』, 글담

김동관, 홍주영, 『놀이의 힘』, 성안당

상위권 아이로 만드는
초2 완성 공부 법칙

초판 1쇄 인쇄 2016년 3월 7일
개정판 1쇄 발행 2024년 2월 14일
개정판 2쇄 발행 2024년 3월 7일

지은이 송재환
펴낸이 이승현

출판1 본부장 한수미
라이프 팀
편집 김소현
디자인 함지현

펴낸곳 ㈜위즈덤하우스 **출판등록** 2000년 5월 23일 제13-1071호
주소 서울특별시 마포구 양화로 19 합정오피스빌딩 17층
전화 02) 2179-5600 **홈페이지** www.wisdomhouse.co.kr

ⓒ 송재환, 2024

ISBN 979-11-7171-141-3 13590

· 이 책의 전부 또는 일부 내용을 재사용하려면 반드시 사전에 저작권자와 ㈜위즈덤하우스의 동의를 받아야 합니다.
· 인쇄·제작 및 유통상의 파본 도서는 구입하신 서점에서 바꿔드립니다.
· 책값은 뒤표지에 있습니다.